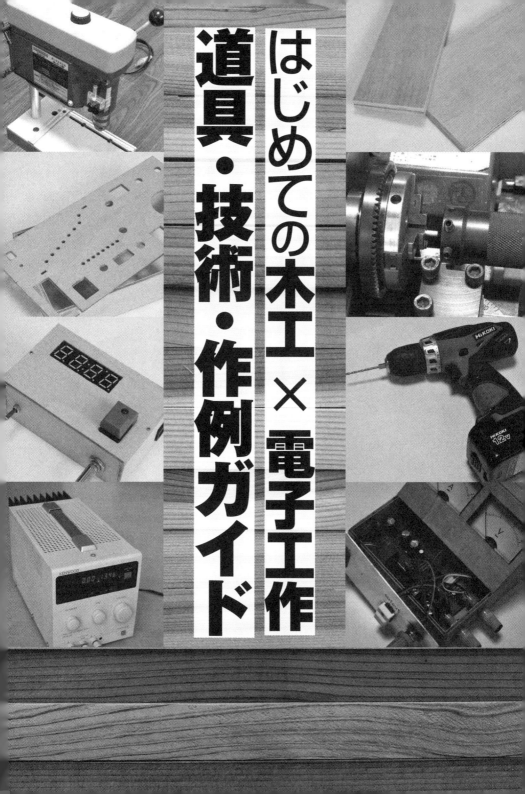

はじめての木工×電子工作
道具・技術・作例ガイド

はじめに

　最近の世の中の傾向として、「すぐに結果を求めたい」ということがあるように思います。映画やドラマ、映画、ゲームなどさまざまな場面でです。私は、昭和の人間なので、どちらかというと結果よりプロセスを味わうのが好きです。

　こと、「電子工作」について言えば、そのプロセスは、「面倒」そのもので、失敗もあり、すぐに結果が出てこないことも珍しくありません。結果だけを求めるのであれば市販の完成品を探した方が早いかもしれません。

　それでも、私は、その「面倒くささ」が好きです。面倒なことをやって完成したときの喜びは何物にも代えがたいものがあるからです。

　また、「市販品では手に入れることができないものでさえ、生み出すことが可能かもしれない」という醍醐味もあります。そこに、AIなどでは味わえない、この上ない「人間臭さ」を感じられるのも大好きです。

　読者の中には、「オリジナルなアイディアがあって、作りたいものがある！」というものを持っている方もいらっしゃるかもしれません。でも、「どうやって作ったらいいのか、その手法が分からないから諦めている」　そんな方にはぜひこの本を参考に、ちょっと面倒な方法であっても、その方法をマスターしていただいて、お持ちのアイディアを実現してほしいと思います。

　この本では、「電子工作」に必要な工具やその使い方、材料、電子回路の基礎知識などの関連する項目について詳しく分かりやすく解説しています。また、いくつかの実例も紹介しています。

　ぜひ、シンプルに、「楽しい電子工作の分野」を始めてみてはいかがでしょうか。

神田　民太郎

目　次

はじめに …………………………………………………………………………………… 3

第1章｜加工に必要な器工具

[1-1]　手工具 …………………………………………………………… 8
[1-2]　電動工具 ……………………………………………………… 41
[1-3]　安全作業アイテム …………………………………………… 46

第2章｜材料選び

[2-1]　金属材料 ……………………………………………………… 50
[2-2]　木材・紙 ……………………………………………………… 51
[2-3]　プラスチック類 ……………………………………………… 55
[2-4]　接着剤 ………………………………………………………… 56

第3章｜電子回路分野の基礎

[3-1]　電子回路組み立てに必要な測定器 ………………………… 64
[3-2]　オームの法則の実践的基礎 ………………………………… 70
[3-3]　はんだ付けの基本 …………………………………………… 78
[3-4]　電子回路組み立てに必要な電子部品 ……………………… 86

第4章｜実際の工作

[4-1]　木製ケースのつくり方 ……………………………………… 124
[4-2]　電子工作の必需品「直流安定化電源器」 ………………… 138
[4-3]　スリル満点「割りばし de ドッキリ」 …………………… 150
[4-4]　無線モジュールを使った対戦型ロボット ………………… 172

索引 ……………………………………………………………………………………… 190

●各製品名は、一般的に各社の登録商標または商標ですが、®およびTMは省略しています。
●本書に掲載している製品の情報は執筆時点のものです。今後、価格や利用の可否が変更される可能性
　もあります。

第1章

加工に必要な器工具

ここでは、電子工作全般で必要とされる基礎知識を幅広く
解説していきます。

第1章 加工に必要な器工具

1-1 手工具

はさみ

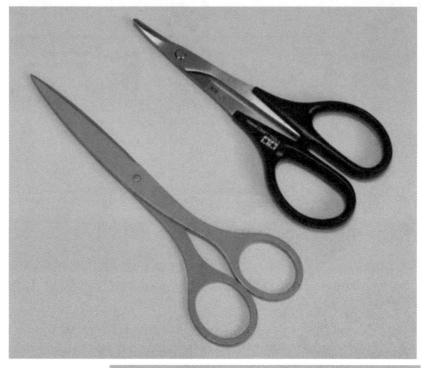

下:先の尖った一般的なはさみ　上:先の曲がった曲線切りに適したはさみ

　はさみは、工具として使用するもっともポピュラーなものかもしれません。小学校、あるいは幼稚園ぐらいに初めて使うのではないでしょうか。その中では主に、紙を切る道具として使ったと思います。

　しかし、ロボット製作などにおいては、薄い金属（0.5mm程度）や、エンビ板やポリカーボネートなどのプラスチック系の材料を切るときにも使用します。

　ただし、紙などのように柔らかいものを切るとき以外で金属等を切るときは、それなりの金属用のはさみを使いましょう。

【1-1】手工具

カッター、カッターマット

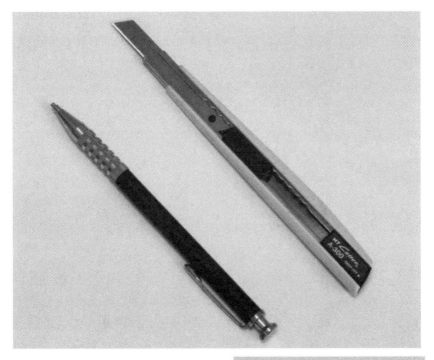

左:「けがき」用のペン　右:一般的なカッター

　カッターは主に紙を切るものですが、それ以外にも便利に使えます。その意外な使い方とは、金属材料に「けがき」(切断の目印)をするときに使うのです。

　金属材料への「けがき」は、写真のような「けがき」ペン(ペン先が金属の針になっている)を使うことが一般的ですが、カッターの方が便利な場合が多いのです。

第1章 加工に必要な器工具

　それは、次のように「けがき」の目印をプリンターで出力した紙を直接加工材に貼りその上からカッターで「けがき」線を入れれば、正確に早く「けがき」作業ができるからです。
　紙を貼った上からの「けがき」は、金属用の「けがき」用のペンではうまくいきません。

　たとえば、次の図面のように、材料に長方形3つ分の「けがき線」を入れたい場合などです。

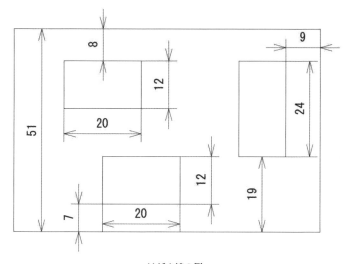

けがき線の例

　このような場合は正確な図面の寸法が反映するように、図面をレーザープリンタなどでプリントアウトしたものを、金属材料に直接、スティックタイプなどの「のり」を使って貼り付け、その上からカッターで切り込みを入れるわけです。
　この方法は比較的正確に効率よく「けがき」作業が行なえるので、私の場合はほとんどの「けがき」をこれで行なっています。

　ただし、プリントアウトしたものが、実際の寸法と正確に合っていることを確認してください。

そのほか、比較的厚め（1mm～2mm）のプラスチック板やアルミ板を切るためのカッター（右）や、円を切るカッター（左）などもよく使います。円切カッターは、円の「けがき」にも使えます。

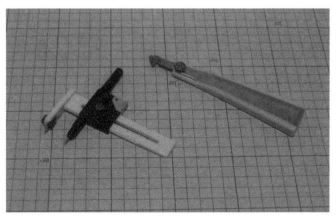

円切カッター、溝切カッターとカッターマット

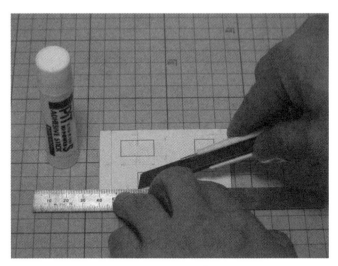

カッターによるけがき

第1章 加工に必要な器工具

ドライバー

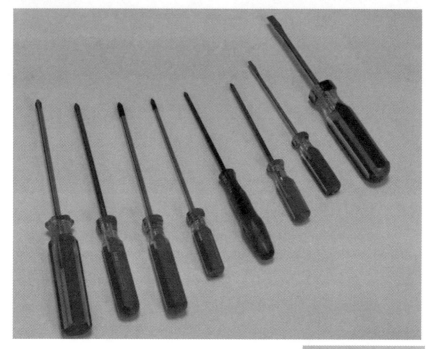

＋ドライバーと-ドライバー

　ドライバーについては特に説明の必要もないぐらい、ポピュラーな工具の1つですが、大事なことは、回すネジの大きさに適したサイズのものを使うことです。小さいドライバーで、大きなネジを無理に回そうとするとねじ山をつぶしてしまうこともあるので注意しましょう。

　また、写真のようによく使うドライバーはスタンドを作っておくと効率よく作業ができます。

ドライバースタンド

ペンチ、ラジオペンチ、ニッパー

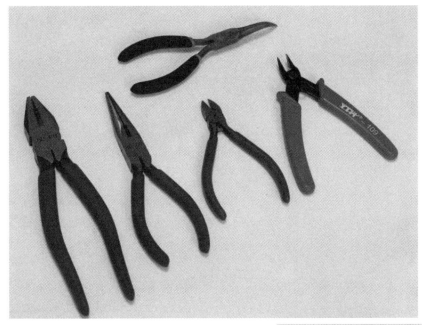

ペンチ、ラジオペンチ、ニッパー

　写真の左から、ペンチ、ラジオペンチ、ニッパー、ラジオペンチ（先曲がり）、です。

　材料をつかんで曲げたり、線を切ったりと、多目的に使います。特に、電子回路の組み立てでは、ニッパーをよく使うので、よく切れるものを選ぶことが大切です。

　ホームセンターでの価格は安価なものから高価なものまでいろいろですが、値段の高いものは、やはり高いだけのことはあります。このことは工具全般に言えることなので、同じようなサイズの同じ工具で安価なものと高価なものを購入してその違いがどこにあるのかを検証してみるとよいかもしれません。

　私の場合は、ニッパーをよく使うので、ニッパーだけはいいものを選ぶようにしています。安価なものとは切れ味の次元が全く違うと言っても過言ではありません。

第1章 加工に必要な器工具

ワイヤーストリッパー

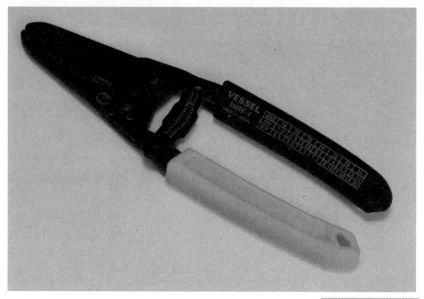

ワイヤーストリッパー

　この道具はビニール線などの被膜を簡単に剥くためのものです。決まった径の線を剥くには便利ですが、意外と高価な道具なので、購入せず、ニッパーで代用してもよいでしょう。

ピンセット

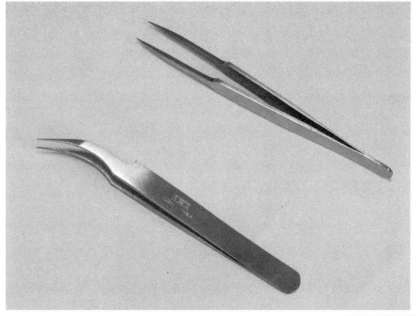

高級ピンセット

　この工具もその用途は単純ですが、大変重要な工具です。
　先がストレートなものや曲がったもの、また、非金属のものと市販されているものの種類はかなり多岐に渡っています。

　一般的には写真に示したようなもので、高級品には使い勝手にそれなりの違いがあるので、自分の目で見て、触っていいものを選ぶことが大事です。

　ピンセットでは、多くの場合小さな部品をつかんでセットすることがあるため、つかんだときに部品が飛んでしまわないことが重要です。
　そのためには、ピンセットの胴の部分の厚いものの方がしっかりとつかめるので、主に細かい作業を行なうという人は、高級品を選んだ方がよいでしょう。

やすり

　やすりは、大きく分けて、「金属用」と「木工用」があり、この2つはきちんと使い分けた方がよいでしょう。実は、金属用のものでも木を削れなくはないのですが、効率が悪く、木の粉がすぐに目詰まりを起こしてしまうためです。

　木の場合は金属にはない削り工具として「かんな」があるので、それを使うことの方が多いでしょう。

　ただし、木材でも仕上げとして、サンドペーパーをかけることは少なくないので、写真のようなハンディータイプのサンドペーパーを用意しておくと重宝します。

ハンディーサンドペーパー

　金属用のやすりは、写真のように用途に応じてさまざまなものがあります。

　セットものも多く売られていますが、自分でよく使うものは単品で揃える方がよいと思います。

　また、やすりには目の「細かさ、荒さ」でいくつかのものがあるので、荒削り用と仕上げ用に分けて使うと効率的です。

金属用やすり

のこぎり

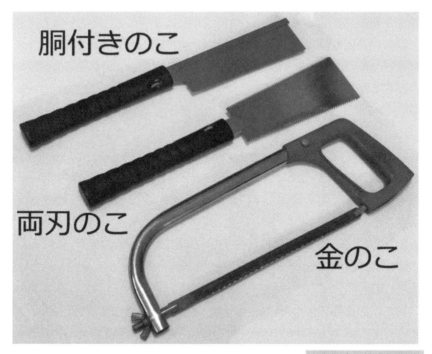

上2本：木工用、下：金属用

　木材加工では家庭でもおなじみの工具です。金属用の「のこ」も珍しい工具ではありませんが、家庭では木工用の「のこぎり」ほど使う機会は少ないでしょう。しかし、ロボット作りなどにおいては、おそらく、金属用「のこぎり」を頻繁に使うことになるでしょう。

　なぜなら、多くの場合、ロボットはアルミや鉄、真鍮（しんちゅう）などの金属で作ることが多いからです。

　そもそも、読者の方の中には、「金属は手のこを使わず、機械で切るでしょう。疲れるし、切れるとは思えない！」と思われる方もいるかもしれません。たしかに、機械（高速切断機や大掛かりなものでは、シャーリングマシンなど）を使って切る方法もあります。

ただ、個人が金属加工をする場合には、比較的小さなパーツを作ることも多く、機械にかけて切るには小さすぎて、機械に固定できない場合が多いのです。そのため、どうしても、「手のこ」で切らなくてはいけないことが多くなるのです。疲れる作業であり、機械に頼りたくなるところではありますが、やはり、この方法でしか対応できないケースが多くなると思います。

木工用と金属用の「のこ」との大きな違いは、見た目以外にも重要な違いがあります。

その1つは、歯の硬度です。金属を切るためには当然硬い歯である必要があります。

2つ目は「のこ歯」の目の細かさです。金属は木よりも当然硬いので、「のこの歯」は細かくなっています。

また、ある程度使っていると、切れ味が落ちてきます。木工用の「のこぎり」では「目立て」という作業をして、切れ味を復活させる方法もありますが、一般の人が、そこまで使い込むことは少ないので「のこ歯」を交換する仕組みになっていません。

それに対して、金属用の「のこ」は、切断しようとする金属の種類にもよりますが、比較的短時間で切れ味が落ちてくるので、「のこ歯」を交換できるようになっています。

和式の木工用「のこぎり」は、引いたときに切れるように「のこ歯」がついていますが、金属用の場合は歯を付ける方向によって、どちらにでも対応できるようになっており、押し切り（押したときに力を入れる）用にもできます。私は、金属用の「のこ歯」は押し切り用にセットして使っていますが、これは、作業姿勢やお好みでどちらにセットしてもOKです。

また、金属用のこぎりにセットする歯は、同じサイズのものでも、歯数が24山（1インチ当たりの歯の数）や32山などのものがあります。効率よく早く切断したいのであれば24山を、比較的硬い材料や板厚が薄くて「あばれやすい」場合は32山を使うとよいでしょう。

　さらに、「のこ歯」には長さや歯の数が同じでも、安価なものから高価なものまで売られています。大きくは、軟鉄やアルミ、真鍮などを切る通常の歯と、ステンレスなどを切るより硬い歯とに分けられるようです。

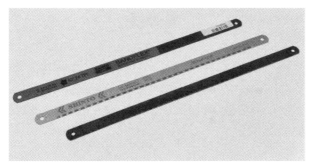

上からBAHCO製、ステンレス用、一般用

　しかし、やはり高価な方が硬度は高く、切れ味の持続性は良い場合が多いので私の場合は、BAHCO（スウェーデン製）のSANDFLEX（写真下）の24山を使っています。これは、ほんとうによく切れます。実際に一般的な歯と比較してみると切ったときの手ごたえで、その違いが分かります。

　また、金のこの背が切断作業に邪魔な場合は「ハングソー」という金属用「のこ」を使う場合もあります。

第1章 加工に必要な器工具

ハンクソー

　木工用では、一般的な「両歯のこ」と「胴付きのこ」がよく使われます。
　「胴付きのこ」については、知らない人も多いと思いますが、「のこ歯」の厚さが0.3mm程度と「両歯のこ」よりも薄いため「背がね」が付いているのが特徴です。

　「胴付き」とは木材加工の継ぎ手で「ほぞ」加工するときの「胴付き」部分を正確に切るときに使うのでこう呼ばれています。

　「胴付きのこ」の特徴は「のこ歯」が薄いことに加えて、歯の目が細かいものとなっていて、極めて少ない力で切ることができます。

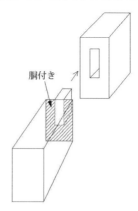

胴付き部分説明図

かんな

平かんな

　かんなは、木材を削る道具であることは、中学校・技術家庭科の授業で取り上げられますから、だれでもご存知でしょう。
　この道具のおかげで、木材の加工では、やすりを使わずに簡単に余分な部分を削ることができます。

　残念ながら金属に対するこのような手工具は一般的にはありません。
　たいへんポピュラーな道具ではありますが、実はこの工具を完全な状態で使うためには相当な熟練が必要なのです。それは、かんな掛けそのものの動作ではなく、刃を研いだり、台（木の部分）を調整したりしなくてはならないからです。
　このやり方は、この本の中で述べるほど簡単ではありませんので、興味のある方は、木工具の専門書籍をご覧になってみてください。

第1章 加工に必要な器工具

のみ

追入れのみ

　のみもかんな同様、木材を加工するための道具で金属用のものは一般的にはありません。
　サイズ（刃の幅）によって多くの種類のものがありますが、幅以外にも用途によって多くの種類があります。写真のものは一般的によく使う「追入れのみ」で、木に四角の穴を開ける道具と思ってもらえばよいと思います。穴あけ以外にも、木材の端面を削ったりするときにも使います。

サンドペーパー

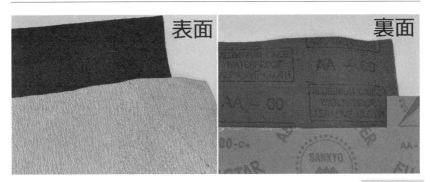

キャプション

　サンドペーパーはいわゆる「紙やすり」で、目の粗さによって#60〜#2000ぐらいを使います。数値が多くなるほど細かい目になっています。木材に使う場合が多く、粗く削りたい場合は#120〜#180を、仕上げで削りたい場合は、#240〜#320ぐらいをよく使います。

第1章 加工に必要な器工具

クランプ、はたがね

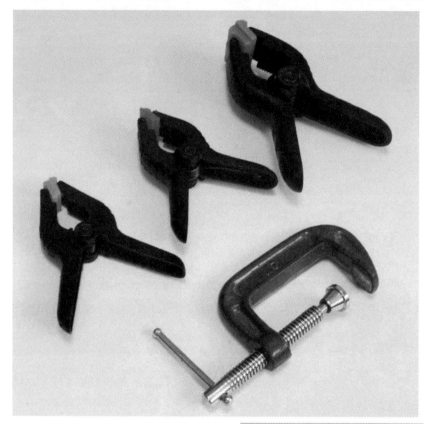

下はGクランプ、上3つはばね式クランプ

　クランプは、加工する材料を押さえたり、接着した直後に材料を固定したり、たいへん重要な工具です。また、バイスを作業台に固定したりするときも使います。ねじで締め付けるタイプのGクランプと、ばねではさむタイプのものが一般的です。ホームセンターなどで安価に売られていますが、性能に特に問題はないでしょう。

　はたがねも材料を固定するときに使いますが、「さお」が長いので、製品を製作する過程で、製品そのものの接着固定などに使うことが多い道具です。

木工用で使うことが多く、「さお」の長さが短いものでは、写真のように10cm～20cm程度のものから、長いものでは2m以上のものまであります。

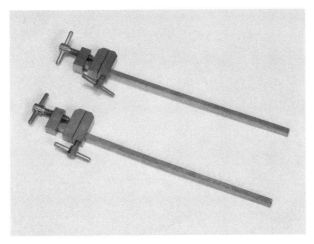

はたがね

バイス(万力)

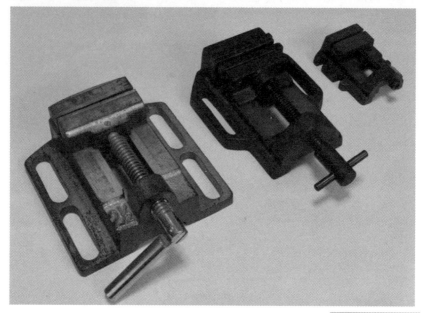

比較的安価なバイス

　バイスは加工材を固定するときに使いますが、同じ固定でもその加工場面によって使い分けが必要です。

　たとえば、ラフな材料切断には、ボール盤などに付属してくる廉価品でも問題はありません。

　逆に精度を要求するようなフライス盤による加工などでは、それなりの(比較的高価な)バイスを使うべきでしょう。

　その理由は、「金のこ」などで材料を荒切りするときは、バイスにもそれなりに大きな負荷がかかるので、どうしてもバイスの精度は徐々に落ちていきます。そうなると、精度を要求されるような用途には機能しなくなっていくからです。

　また、小さい材料を押さえて穴あけをする場合などは、小さなバイスの方がやりやすいことも多いので、小さなバイスも揃えておくと重宝します。

いずれも、はさめる材料の厚さに限界があるので、大きな材料をはさむ場合には、充分にそのバイスの開き限界をみておく必要があります。

　ボール盤などで穴あけをするときは、材料を手で固定したまま行なうこともありますが、小さな材料は必ずバイスでしっかり固定し、そのバイスを手で押さえて作業するようにしましょう。また、径の大きな穴（5mm以上～）では、バイスを手で押さえるのも危険な場合も多くあるので、そのようなときは、バイス自体もしっかりテーブルにボルトとナット、もしくはGクランプなどで固定します。なお、フライス加工のような機械加工の場合では、バイスを手で固定して削るようなことは、絶対にできませんので注意してください。

高価な精密バイス

ノギス、定規

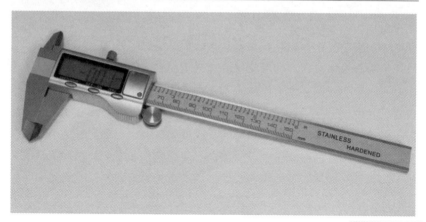

デジタルノギス

　ノギスは出来上がったパーツの寸法を測定するのになくてはならない道具です。おそらく、個人製作において必要な加工精度は0.1mm以下だと思います。

　これまでのアナログノギスで出せる測定精度は0.1mm程度まででしたが、最近のデジタルノギスでは、0.01mm（1/100mm）まで読み取れるようになりました。

　デジタルノギスも国産のものは1万円以上するものが普通ですが、中国製のものは数千円で購入できますし、精度や品質も問題になるレベルではありません。ぜひ、揃えておきたい計測器です。

　最近1000円前後で買えるデジタルノギスも目にするようになりましたが、精度が0.1mmだったり、本体がステンレス製ではないものもあるので、できれば0.01mm精度のステンレス製のものにした方がよいでしょう。

スコヤ

スコヤ

　これは、直角を出すためによく用いられる工具で、目盛りの付いているものとそうでないものがありますが、この工具で目盛りを使うことはほとんどないので、目盛り付きにこだわることはありません。
　大小のものがあると用途によって使い分けができて便利です。「けがき」をするときや、製品の直角度を検証するために極めて重要なもので、使用頻度の高い工具です。

第1章 加工に必要な器工具

さしがね

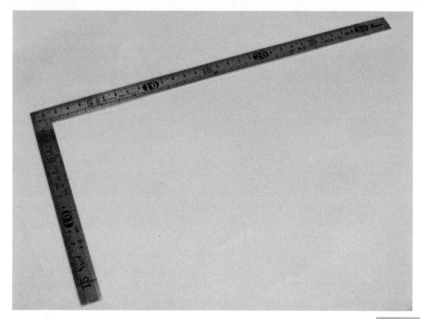

さしがね

　スコヤとよく似ていますが、こちらは寸法を取りたいときにも使うことが多いものです。
　目盛りは、30cm〜40cmまでのものがほとんどです。スコヤでは対応できない大きさの製品の直角度を検証するためにも使えます。金属加工の場面よりも、木工家具屋さんや大工さんがよく使います。

ポンチ

　ポンチは、正確な位置にドリルで穴を開けるときに、重宝する工具です。

　ポンチを打たずに直接ドリルで開けようとすると、多くの場合、正確な位置からずれて穴が開いてしまうことが多くなります。

　ですから、面倒くさがらずに必ず穴あけ前にはポンチ打ちをしましょう。ポンチには写真左で示したようなものが一般的ですが、写真右のワンタッチ式のものもあります。これはポンチを打ちたい位置に合わせて押し込むだけでポンチ打ちができるので、大変便利です。

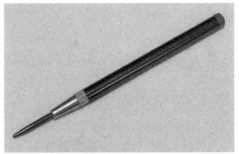

先が超硬チップのポンチ、下はワンタッチ式

ドリルスタンド

オリジナルドリルスタンド

　ドリルは穴を開けるときになくてはならないものです。多くの場合、バラでいろいろなサイズのものを買うよりも、1mm〜10mmぐらいの19本セットとかを買うことが多いと思います。それはそれで必要ですが、ロボット製作などとなると、そのセットには含まれないようなサイズのものを必要とすることも多くなります。私の場合は、2mmや2.6mmのネジも多く使うので、そのネジをタップで立てるときの下穴として、それぞれ、1.6mmや2.2mmのサイズをよく使います。そういった、よく使うサイズのものを立てておくものとして、適当なサイズの木材片で写真のようなオリジナルドリルスタンドを作ると便利です。

　これには、整理整頓という意味もありますが、ドリルのサイズを間違わないという意味もあります。ネジを立てる前の下穴として、2.2mmの穴を開けるところを、2.5mmのもので開けたら、ネジを立てられなくなってしまいます。そういったエラーを防ぐ意味でも重要なものです。

はんだごて

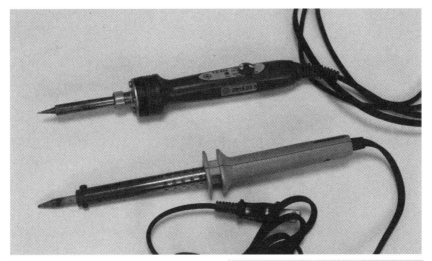

はんだごて(下:60W,上:温度調整可能50W)

　電子回路の組み立てにはなくてはならない道具です。マイコン系の回路組み立てには15W程度の比較的小さなワット数のものを使いますが、大電力の部品(FETやパワーリレー、パワースイッチ、バッテリの端子)などには、60W以上のものと、使い分けが必要です。こて先の太さもあるので、「大は小を兼ねる」のような使い方はやめた方がよいでしょう。

　写真上のはんだごてのように温度調整が可能なものもあります。

第1章 加工に必要な器工具

はんだ吸い取り器

ENGINEER製　はんだ吸取器

　電子回路を基板に作ったとき、完成して、何のトラブルもなく正常動作がすればよいのですが、そううまくいかないことも多いものです。そんなとき、折角実装した電子部品を基板から取り外さなければいけないときもあります。

　そのようなときは、できる限り、取り外すパーツの根元部分のはんだを取り除くとはずしやすくなります。その際便利に使えるのがはんだ吸い取り器です。

　比較的多くのはんだを吸い取れて効率的なのが、写真のようなペンタイプのものです。この道具は、ロボット製作などに使うような電子基板には、作業のしやすさから言うと、小さい方が便利だと思います。

また、「はんだ吸取線」というものもあります。これは、「はんだ吸い取り器」では、取りきれなかったはんだを取りきるときに便利です。実際には、この2つは用意して使い分けをした方がよいでしょう。

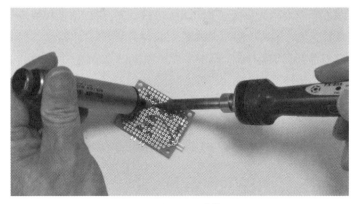

はんだ吸い取り作業

　「はんだ吸い取り器」の使い方は、写真のように吸取る部分にはんだごてを当てて、はんだを溶かし、その部分にはんだ吸取器の先端を当てて、スティック上部にあるボタンを押すだけです。

　そうすると中に溶けた「はんだ」が吸い込まれるというものです。スティックの上部を押すと、ペン先に相当する部分からは、吸取られて固まった「はんだ」が押し出されて出てきます。

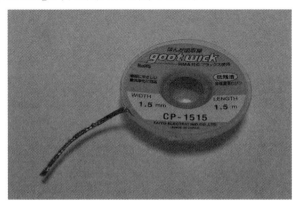

はんだ吸取線

「はんだ吸取線」の使い方も簡単で、写真のように、吸取る部分のはんだを溶かして、その部分に「はんだ吸取線」を当てるだけです。溶けたはんだは、吸取り線の細い銅線と銅線の隙間に毛細管現象の原理で吸い込まれます。ただし、この「はんだ吸取線」は、その原理からも分かるように大量のはんだを吸取ることには向いていません。予め「はんだ吸い取り器」で大半のはんだは吸取っておいて、仕上げに使うとよいでしょう。

はんだを吸取った線は、それ以後は吸い込み能力を失うので、その部分はニッパで切り落とし、常に新しい部分で吸取ります。

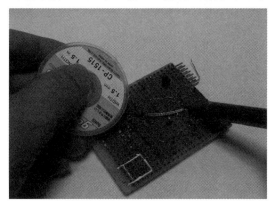

作業の様子

ねじ切りタップ、ダイス

[1-1] 手工具

　異なる部材を接合する方法として、ネジ（ビス）を使うことは非常に多いものです。一般的な「ビス留め」の方法としては、ビスと六角のナットを使います。しかし、ロボット製作などにおいてはこの方法はあまり好ましくないことも多いです。なぜならば、ナットを使うためには、ビスを締めるときにナットが回らないように押さえる必要がありますが、場所によっては抑えることが困難な場合も多く作業性が悪いためです。また、ナット自体を使えない構造の場合も多いのです。

　そんなときに、タップを使って部材そのものにネジを作る（ネジを立てる）方法があります。ドリルで下穴を開けたあとは、タップを入れて手で回していくとネジができます。

　そのときに写真のようなハンドルを使うのですが、タップのサイズによっては、市販のハンドルが合わないこともあるので、そのような場合はハンドルを自作します。自作すると言ってもそんなに難しくはありません。特に細いネジ（1.4mm～2.6mm）を立てる場合は、小さなハンドルを自作した方がよいでしょう。なぜならば、あまりハンドルが大きいと回す力が掛かりすぎてタップを折ってしまうからです。

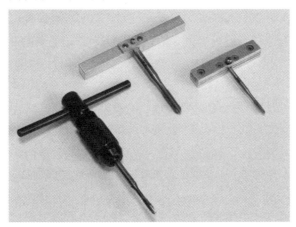

左は市販のタップハンドル、真ん中と右は自作のハンドル

第1章 加工に必要な器工具

　ホームセンターなどでは安価でタップ・ダイス・ハンドルなどがセットになったものを見かけますが、あまりお勧めできません。粗悪なものがあるということも多いのですが、それよりも、セットに含まれるほど多くのサイズのものは使わないことが多いからです。ですから、自分が必要とするものを個別に買う方が懸命です。おそらく、タップなら、2,3本、ダイスなら1個分の値段とセットの値段は同じぐらいです。バラ買いは、損をしたような気になりますが、それなりの違いは使えば分かります。

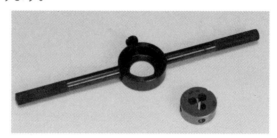

ダイスホルダーとダイス

　また、タップには加工方法の違いで分けると、切削タイプと塑性変形(ロール)タイプがあります。

　前者は文字どおり、金属の切りくずを出しながらネジを作っていくタイプであり、後者は切削ではなく、ちょうど金属を押しつぶして変形させながらネジを作っていくタイプです。

　塑性変形タイプのものでは、当然、切りくずは一切出ません。ホームセンターなどで売っているのは、前者のタイプがほとんどであり、後者の方を目にすることはほとんどなくなりました。どちらでやっても、同じようにネジを立てることができるので、どちらのタイプでやるかは、「うまくいく方法で」としか言えません。金属の種類によっても向き、不向きがあります。しかし、どちらかでないとできないということはなく、大抵の場合どちらでもできます。どちらがいいかは体験してみて判断するとよいでしょう。

ただし、注意しなくてはいけないのが、この両者では、下穴の径が異なることです。たとえば、2mmのネジを立てる場合、切削型の場合の下穴径は1.6mm、塑性変形タイプの場合は1.8mmとなっています。塑性変形タイプに1.6mmで開けた穴に誤ってタップを入れると数回も回さないうちにタップは必ず折れます。ねじピッチの数値はどちらも同じですので、下穴の径と混同しないようにしてください。

　さらに、「貫通型」（ネジが貫通する）と止め型（ネジが貫通しない）用に異なるタップが用意されています。止め型の場合にはスパイラルタップがありますが、これでないと止めネジが立てられないということではありません。スパイラル型は切りくずを前方ではなく手前に出すので、止めネジには最適なのですが、実物を見ると分かるように、いかにも折れやすい形状をしているので、折らないように慎重に回さなくてはいけません。

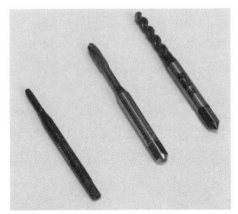

左からロール型(2mm)、一般型(3mm)、スパイラル型(3mm)

　なお、ネジを立てるときには、必ず切削油を付けてください。これを怠ると、頻繁にタップを折ることになります。折ってしまって部材に残ったタップの残骸はまず取ることをあきらめなければなりませんので、部材を最初から作り直すことになります。

また、ビスと同じもののネジを作ることもできます。（雄ネジ）この場合は、ダイスを使います。

しかし、これは、タップで作る雌ネジ以上に難しく、写真のような一般的なダイスハンドルでは、まずうまくいきません。写真のようなハンドルで可能なのは、ネジが長くないことと、ある程度の太さ、5mm以上のもの（絶対ではありませんが…）の場合です。その理由は、この「雄ネジたて」をハンドルで回そうとすると、正確に垂直降ろしができないためです。

ダイスとダイスハンドル

そのため、完全に垂直を保って回すいくつかの別の方法がありますが、もっとも良い方法は、小型旋盤に材料をチャッキングして、写真のようにダイスをホルダーに入れて手で回して作る方法です。

これで行なうと完全に垂直な雄ねじを立てることができます。逆に言うと、これ以外の方法で細い径の金属棒（2mm〜4mm）に完全垂直なねじを立てをするのは極めて困難です。

ダイスホルダー

小型旋盤に材料を固定して手で回す

1-2 電動工具

ドライバードリル

ドライバードリル

　この工具は、ホームセンターなどでも買えるポピュラーな電動工具です。

　選択肢としては、バッテリーの電圧が気になるかもしれませんが、個人ユースであれば、12Vのもので充分です。電圧が高いもののメリットとしては、回転数変化のスムーズさや立ち上がりのよさ、バッテリーの持ちなどがありますが、それらはプロユースでなければそれほど重要にはなりません。回転数が引き金の引きでコントロールできるものであれば、充分です。この工具の用途は、「ねじ回し」ですが、電子工作において使用するねじはそもそもが2mmとか2.6mmと小さいものが多く、ドライバードリルを使うことはありません。

　主な用途としては、ドリルの刃を使った簡易的な穴あけです。簡易

的と言ったのは、この方法ではあまり理想的な穴あけはできません。理由は、ドライバードリル本体を手で持って使うため、微妙に垂直度がずれ、ドリルの刃を加工材に垂直に当てるのが困難だからです。板の厚さが厚くなればなるほど、垂直に開けることは叶いません。

小型ボール盤

PROXXON小型ボール盤

　垂直な穴あけには、やはり小型のボール盤は必要になります。電子工作などでは、厚い金属板に5,6mmもの穴を開けることは、ほとんどないので写真のような小型のものがあれば充分だと思います。
　ただ、ホームセンターなどでは、1万円前後の安価のもので、もっと大きな卓上ボール盤（重さ15kg前後）も売られています。写真のボール盤よりは、はるかに大きいのですが価格が安いほうがよくて置き場所があるのであれば、パワーもあり応用範囲は広いので、それを購入するのもOKです。

写真のものは、あまりトルクがないのでアルミ板であれば、φ3mm以下ぐらいが適当です。

サキューラーソー

サキューラーソー

サキューラーソーは、小型の「丸のこ盤」です。厚手の木材を切ることは厳しいですが、主な用途としては、ユニバーサル基板の切断などです。また、プラスチック棒や、薄い木材を一定サイズで大量に切るときなどには、大変重宝します。

主軸に取り付ける丸のこは、切断する材料の種類で付け替えて使います。

各種丸のこ

ハンディールーター(ミニルーター)

ハンディールーター(ミニルーター)

　ハンディールーターは、回転する軸に「やすり」のビットや丸鋸などを付けて、加工物に押し当てて削ったり、切断したりするものです。私は、この工具の先端に100均で売っている「ダイヤモンド砥石」を付けて、モーター軸の不要部分を切ったりするときよく使っています。

　小型モーターの軸などの切断は、「金のこ」でもできそうですが、モーター軸にかなり無理な力がかかってしまうため適当ではありません。
　その点、この道具を使うことで無理なく切断することができます。その他にも、接続するビットによって用途はかなり広い工具です。

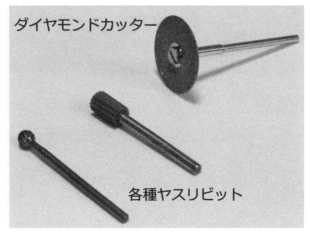

各種ルータービット

[1-2] 電動工具

第1章 加工に必要な器工具

1-3 安全作業アイテム

ゴーグル

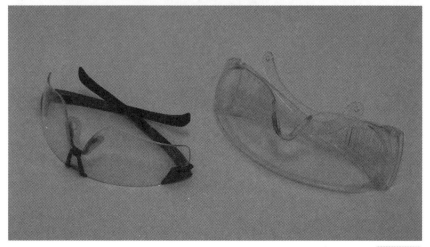

ゴーグル

ゴーグルは、はんだ付け作業や、フライス、旋盤、ボール盤作業では必ず着用した方がよいでしょう。細かな金属屑が目に入ると、被害は重大です。また、切削工具の一部が欠けて飛んでくることもあるかもしれません。目以外の部分に当たって負う傷とは比較になりませんので、面倒くさがらずに必ず着用する「くせ」をつけましょう。

作業台

作業台（W400×D300×H210mm）

　私の場合、作業をする部屋は8畳の洋室です。ですから、大きな作業台などを置くスペースもなく、作業をする場所としては決して恵まれてはいません。しかし、何らかの作業台は必要なので、いろいろ使ってみて、現在は写真のような、どこのホームセンターにでも売っている木でできた踏み台のようなものを使っています。価格も1000円ぐらいですし、何よりも小さくて場所もとらず、使い終わったら簡単にしまうことができます。

　また、高さが20cmぐらいですから、金属を切ったときの切りくず

第1章 加工に必要な器工具

も飛び散らず狭い範囲に落ちてくれるので、掃除もしやすいです。天板は作業によってへこみや汚れが徐々に出ますが、コンパネ材（1800×900×12mm）を買ってきて張り替えれば何度でも使えます。ただし、本体は軽いので、コンパネ材などを下に敷いて、それに足を写真のようにLアングルなどで固定（最低2箇所）して使うと、作業台が動くことはありません。

　また、切断作業をするようなときには、写真のようにこの作業台にバイスをGクランプで固定して使うと、効率よく、正確に作業ができます。

　特に、金属材料を切断するときは、木材のように「材料を手で押さえて切る」というのは無理があるので、必ずバイスなどで確実な固定を行なってください。

バイスを作業台に固定

48

第2章

材料選び

　電子工作品やロボットなどを作る際には、何らかの材料を使わなければなりません。ここでは、一般的に入手できる材料やそれらをつなげる接着剤について取り上げます。

第2章

材料選び

2-1
金属材料

　金属材料は、強度を重視するロボットなどの場合に多く使われます。木材と比較すると比重は大きいですが、薄くても強度を出せるメリットがあります。また、厚さや形状のバリエーションも豊富で、ロボットとしての立体物を構成するとき使えるものが多いのも特徴です。一般的によく使われる金属とその比重、特徴を列挙します。

主な金属の比重等、特徴

	比重	加工性	電気伝導性	磁性	特徴
軟鉄	7.86	○	○	◎	価格は安いがさびる
ステンレス	7.6〜7.7	△	○	△	さびない
真鍮	8.6	○	◎	×	比重が高い、はんだ付け可
銅	8.9	○	◎	×	比重が高い、はんだ付け可
アルミニウム	2.7	○	○	×	比重が低い(軽い)

　これらの金属の中でロボット作りなどの電子工作にもっとも多く用いられるのはアルミニウムだと思います。

　その理由としては、比重が低く、加工しやすく、さびない、ということです。

　アルミニウムの難点としては、価格が鉄よりも高いということです。一般に自動車が比重で有利なアルミニウムを使わずに作られているのは「剛性」のことと、この「価格面」が理由に挙げられます。ただ、ロボット製作や電子工作においては大量に生産をすることもないと思うので、アルミニウムで作ることが主流になっています。ただ、部分的には、鉄や真鍮、ステンレスなどを使うこともでてきます。

　金属材料の形状としては、板材の他、アルミ材では、写真のようなLアングルや、パイプ、円柱などさまざまです。

50

さまざまな形状の金属材料

2-2 木材・紙

[2-2] 木材・紙

電子工作におけるケースなどの材料として、紙を使うことはまれだと思いますが、工作用紙などは使うこともあります。

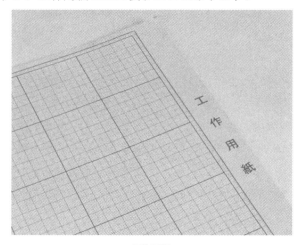

工作用紙

また、木材は金属に比べて加工が容易なことに加え、安価であることもあり、よく使われます。そこで、いくつか、よく使われる木材の種類を解説します。

第2章 材料選び

木材の種類と特徴(シナベニヤ、MDF、ラワン、ヒノキなど)

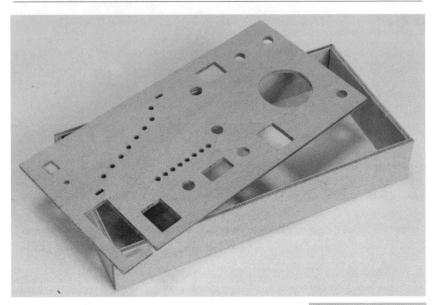

シナベニヤを使ったケース

　シナベニヤは、小学校などで版画を作るときの原板として使われることが多い合板です。合板とは、一般的に「ベニア板」とも呼ばれ、広い面積で比較的薄い板を作るときに、巨木からリンゴの皮を剥くように薄く板を削り出し、それを木材の繊維方向を直行させるように組んで接着剤で張り合わせて作ります。薄板を何枚張り合わせるかで任意の厚さの板を作ることができます。工業的には、家具の製造や、建築資材として広く使われています。

　その中でも、電子工作として有用なのは、「シナベニヤ」です。表面にラワン材のような深い凹凸がないため、仕上がりが美しく、目止め(凹凸を埋める処理)なしでの塗装も容易なためです。

52

MDF材は、木材を繊維状にしたものに接着材を混ぜて任意の厚さ、大きさの板状にしたものです。見た目にも、あまり木材感は感じられず、厚紙をもっと厚くして強固にしたような印象です。木材同様、「のこぎり」などで簡単に切ることができます。ただ、薄手の板は反りやすく、水分を吸うと強度が極端に落ちるので、用途は限られます。

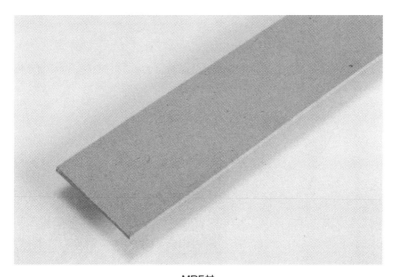

MDF材

　ラワン材は、かつては安価な南洋木材として美観を求めないところには多用されてきた木材です。しかし、最近では木材高騰や円安の影響もあり、それほど安価な木材とも言えなくなってきました。
　電子工作などの場合、ケースを作る材料としては、3mm程度のものが適していますが、ラワン材の場合は反りやすいこと、美観が落ちることなどから、使用するにはあまり適していません。

第2章 材料選び

ラワン材

　ヒノキ材は、ホームセンターなどで多く見かけるのは、板材よりは、角材として売っているものがほとんどです。針葉樹ではありますが、美観もあるので、ケースを作るときに適当なサイズが見つかれば好都合な材料です。

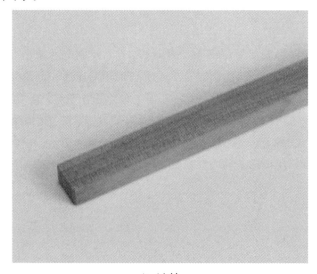

ヒノキ材

2-3 プラスチック類

　電子工作のケースは主に金属材料で作りますが、電気的絶縁をしたい部分や、軽量化を図りたい部分では、金属以外のプラスチックやFRPを使うとよいでしょう。

　中でも、強度も高く比重の低いFRP（ガラス繊維板）やCFRP（カーボンファイバー板）は重宝です。難点は価格が高いことです。同じ大きさの板と比較するとアルミニウムより高いです。また、CFRPでは、完全な電気的絶縁は行なえない（多少電気が通る）ので注意が必要です。

各種プラスチック材料

2-4 接着剤

　ネジ止めできないような部分における接合方法として、接着剤を使う方法があります。多くの接着剤があるので、その特徴を生かして効果的で確実な接合をしてください。

接着剤全般に言える注意点
①接着面は必ず、よく拭いて、ほこりや油脂分を残さない
②接着面の面積は充分確保する
③充分に硬化するまでの固定は確実におこなう
④接着剤ごとに決められた量を塗り、付けすぎない
⑤2液性混合型の場合は、必ず1:1の分量で混ぜる

瞬間接着剤

　一般的に広く出回っているものは、粘性が低く、ピチャピチャとした印象のある接着剤です。水分によって硬化するので、手に付けるとすぐに離れなくなるほど強力です。

　かと言って、どんなものでも瞬間に接着するかというとそうではありません。決して付けすぎないことです。ほとんどの場合空気中の水分によって硬化していくので、付け過ぎるとなかなか接着しません。

　また、表面にある程度荒さがあるものは、よく付きますが、金属のように平面度が高いと接着はしますが、衝撃には弱く外れやすくなります。

瞬間接着剤

合成ゴム接着材

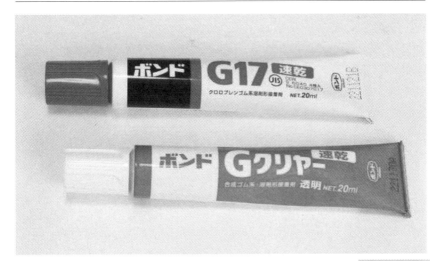

合成ゴム接着材

　値段が安い割に強力に接着できる、かなり昔から売られているポピュラーな接着剤です。
　有機溶剤を含んでいるので、かなり臭いますし、毒性があるので大量に吸い込むことは避けましょう。接着する両面に薄く塗り、ほとんどベタつかなくなってから張り合わせると、すぐに接着します。接着するまで固定しておく必要がないので作業効率はよいです。

　また、紙、木、金属などロボットを作るときの材料ならばほとんどのものを接着できます。欠点としては、接着剤そのものの色が淡黄色であることです。色が気になる場合は、同じ合成ゴムでもクリアタイプを使うとよいでしょう。

木工用接着剤

木工用接着剤

「ボンド」といえば、この製品そのものを表わすぐらい有名です。ボンドは登録商標なので、正式には木工用接着剤と言います。

セメダイン(株)からも、同様のものは販売されています。説明をするまでもなく、木や紙、布などの接着専用です。金属などには適しません。

また、水のかかるような部分の接着にも適しません。成分は酢酸ビニールなので、すっぱい臭いがしますが、酢酸の臭いなので故意に大量に吸わない限りほとんど害はありません。

2液性エポキシ接着剤

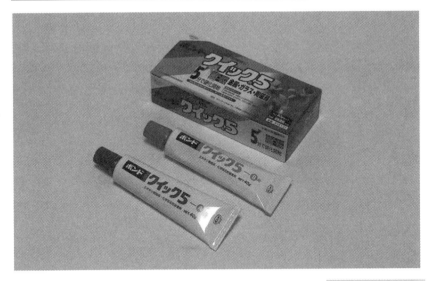

2液性エポキシ接着剤

　A剤、B剤を等量混ぜ合わせて使用するエポキシ樹脂系の接着剤です。硬化剤（B剤）と主剤（A剤）と混ざることで硬化が開始します。製品には、硬化するまでの時間によって、5分型とか90分型とかがあります。

　作業性を考慮して硬化時間を選択します。強力に接着しますが、金属などの接着では、衝撃にはそれほど強くないので、金属同士の接着においては、衝撃が掛からないところなどの接着や、仮止め接着などに限定した方がよいでしょう。ロボット製作などにおいては、接着が外れては致命的になることが多いので充分注意しましょう。

第2章 材料選び

2液性シリコンゴム接着剤

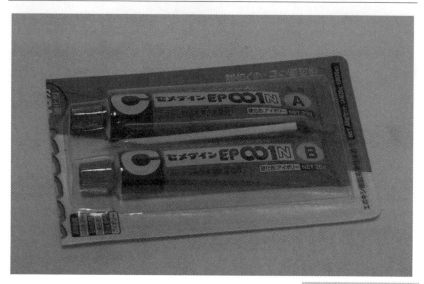

2液性シリコンゴム接着剤

　この接着剤は成分がシリコンゴムなので、硬化後もある程度の柔軟性があります。そのため、2液性エポキシ接着剤とは異なり、衝撃にもかなり耐えられる接着力が得られます。その一方、接着するときれいに剥がすのは困難なので、仮止めなどには向きません。

　充分な接着面積があれば、接着のみで固定する用途にも使うことが可能です。ただし、接着強度は接着面積に大きく依存するので、問題がないかどうかは、個々のケースできちんと検証する必要はあります。

1液性シリコンゴム接着剤

1液性シリコンゴム接着剤

　SUPER-Xの名称で売られているこの接着剤は比較的近年登場した万能接着材です。溶剤を使っていないので、それほど臭いもなく、空気中の水分で硬化するタイプです。

　最終硬化後もある程度の柔軟性があり、衝撃ではずれることはまずありません。値段は高めですが、多くの場面で利用できる接着剤です。色も、白、黒、透明の3種類があります。

第3章

電子回路分野の基礎

ここでは、電子回路に関する基礎を解説します。

3-1 電子回路組み立てに必要な測定器

テスター

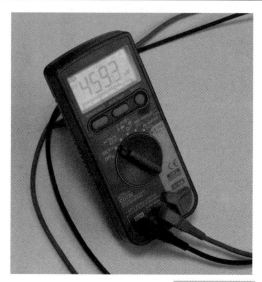

デジタルテスター

　テスターは、電子回路を組み立てるときに、なくてはならない基本的な測定器です。

　昔は針式のメーターを使ったアナログテスターが主流でしたが、最近は、デジタルテスターが主流になってきました。デジタルテスターの特徴は何と言っても、測定の精度がアナログのテスターに比べて高いことです。

　また、トランジスタのhfe（電流増幅率）やコンデンサの容量、周波数測定、コイルのインダクタンスまで測定できるものもあり、多機能です。とは言っても、そんなに多機能なテスターが必ずしも必要というわけではなく、基本的な、電圧、電流、抵抗値などが測れれば充分なので、2000円前後でも充分なものが購入できます。

デジタルオシロスコープ

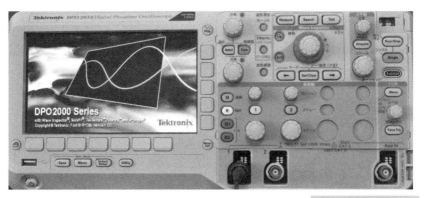

デジタルオシロスコープ

　オシロスコープは、目に見えない電気を、電圧や電流とかの値だけではなく、時間的な変化を捉えて、波形として視覚的に表示する測定器です。テスター同様、アナログとデジタルのものがありますが、最近では、デジタルのものもよく使われるようになりました。

　デジタルのものはリアルタイムで波形を観察する以外にも、瞬間的な時間における波形を記憶させて観察したり（メモリー機能）、波形の周波数を数値で表示したりと、他にも多くの便利な機能を持ちあわせており、持っていれば大変重宝します。ただ、テスターとは比較にならないほど値段が高いので、必ず購入しなければ困るというものではありません。

直流電源器

直流電源器

　ロボット製作などの電子制御回路ではバッテリーによる駆動を行ないますので、その製作過程ではテスト用の直流電源を必要とします。もちろん実際に実装するバッテリーをそのまま使ってもよいのですが、写真のような電源器があると大変便利です。

その理由は、

任意の電圧(0V〜30V)設定ができる
使用しているときの電圧、電流が確認できる
電流制限機能が付いているものも多い
出力のON-OFFを外部コントロールできるものもある

などです。

出力電圧の最大値や取り出せる電流容量は電源器の種類によっていくつかのものが用意されていますので、自分の使用範囲などを考慮して選ぶと良いでしょう。一般的に、電圧は30V程度、電流はモーターの駆動などを考えれば3A程度のものが必要になってきます。

　電圧、電流の表示は針式のアナログメータのものと、デジタル表示のものがありますが、正確な値を読みたいのであれば、デジタル式の方がよいでしょう。

　また、電流制限機能はたいへん重宝です。実験では、回路の誤配線などで予期せぬ電流が流れてせっかく作った回路を破壊してしまうこともめずらしくありません。この電流制限機能があれば、一瞬でも数十アンペアもの電流が流れてしまうようなことはおきませんから、回路を壊すことは滅多に起きなくなります。

　出力のON-OFFを外部コントロールができるというのも大変便利です。これは、外部にフットスイッチなどを付けて、フットスイッチを踏んだときに電源器に設定した電気が流れるようにできるということです。これも、電気を流したときの異常を察知したら、すぐに電気の出力を止めるのに役立ちます。

電源器にフットスイッチを取付け

第3章 電子回路分野の基礎

テスト用大電流計

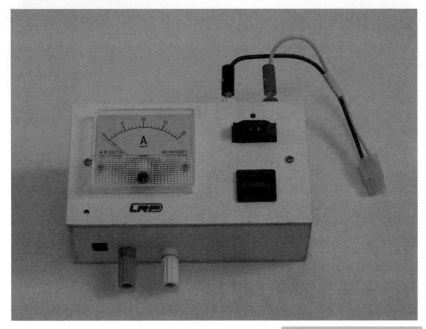

自作の20A大電流計(テスト用)

　市販の電源器には、電流計も電圧計も付いているものが多く、大変便利に使えることは説明しました。しかし、ロボットのような比較的大きなモーターを使うことが多い実験などでは、電源器の電流容量では足りなくなることもめずらしくありません。

　その場合の電源は、実装するものと同じ大容量のバッテリーを使うことになります。ここで注意しなくてはいけないのは、実験では、「トラブルもよくあることだ」ということです。
　実際に組んだ回路が正しく動作せず、予期せぬ大電流が、せっかく作った回路を完全破壊してしまうことも珍しくありません。そこで、「転ばぬ先の杖」ならぬ、「転ばぬ先の大電流計」となるわけです。

　既製品では見たことがないし、特別なものではないので、自作する

68

ことをお勧めします。何の変哲もないアナログ大電流計（20A）を入れただけのものです。入力コネクターに使用するバッテリーをつなぎ、手前の出力部分に右に付いているスイッチを入れたときだけ電流が流れるという至極単純なものです。

　トラブル時には、電流計の針が大きく振れるので、すぐにスイッチを切ります。一瞬で回路が破壊する場合は少ないので、役に立ちます。電流計の容量は連続的に使用するわけではないので10A～20Aぐらいのもので充分です。このような装置を使わずに、20Aぐらいのヒューズを使うということも考えられますが、切れるとヒューズ代もばかにならないので、このような装置を作る価値はあります。

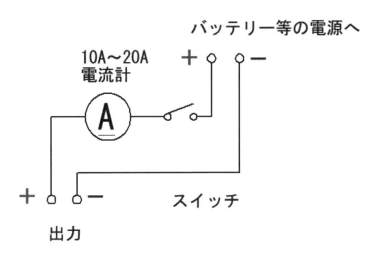

回路図

第3章

電子回路分野の基礎

3-2
オームの法則の実践的基礎

電圧と電流と電力の関係

　オームの法則は、電圧と電流と抵抗の関係を示したあまりにも有名な法則です。

　その式は、電圧をE、電流をI、抵抗をRとすると

E=I・R

というものです。

　これを変形すれば、「I=E/R」であり、「R=E/I」とも書けます。
では、この法則を確かめるために、単純な実験をしてみたいと思います。

実験その1　豆電球の抵抗値を求める

　まず、点灯させる電球の抵抗値をテスターで測定します。

　次に、豆電球にE＝3Vの電圧をかけて、そのとき流れた電流Iを測定し、その結果から「R=E/I」で抵抗値を計算します。

　では、やってみましょう。

　デジタルテスターで測定した電球の抵抗値は、1.6Ω（実際はテスターの計測線などでも抵抗があるためこれよりも低い）でした。電圧3.0Vをかけて流れた電流は0.32Aでした。

電球をつけたときの電流値

　この電流値から計算した電球の抵抗値は、「R=3.0/0.32=9.38Ω」となります。
　テスターで計測した抵抗値は、1.6Ω、電流の実測値から計算した値は9.38Ω。
　測定誤差にしては、あまりに違いすぎます。

　さて、読者の方はこのどちらが正しいと思いますか。
　おそらく小学校や中学校の実験では、電球の抵抗値をテスターで計測するというような機会はないので、疑問をもつこともなかったと思います。

　結論から言えば、9.38Ωが現実的な答えと言えます。では、1.6Ωという計測値はなんだったのでしょうか。
　計測ミスか誤差なのか…。これも、この電球の抵抗値であると言えます。なんだか矛盾するような記述ですが…。1.6Ωは、電球が点灯していないときの抵抗値ということができます。

理由は以外に簡単で、金属の抵抗値というものは、温度が高いほど増えます。つまり、電球が光っているときのフィラメント温度は相当に高いことは想像できます。

ですから、光っているときの抵抗値は高いものとなるわけです。

現実的な抵抗値が9.38Ωと言ったのはそのためです。光っていないときの抵抗値を言っても、光らせたときにどれぐらい電流が流れるのかが求められなければ意味をもたないからです。

実験その2　模型用の小型モーターの抵抗値を求める

まず、回転させる模型用の小型モーターの抵抗値をテスターで測定します。

次に、モーターに「E=3V」の電圧をかけて、そのとき流れた電流Iを測定し、その結果から「R=E/I」で抵抗値を計算します。

では、やってみましょう。

デジタルテスターで測定したモーターの抵抗値は、1.1Ω（実際はテスターの計測線などでも抵抗があるためこれよりも低い）でした。

電圧3.0Vをかけて流れた電流は0.18Aでした。

▲モーターを回したときの電流値

この電流値から計算した電球の抵抗値はR＝3.0/0.18＝16.67Ωとなります。

テスターで計測した抵抗値は、1.1Ω、電流の実測値から計算した値は16.67Ω。先ほどの電球のときよりもさらに大きな違いとなっています。

モーターが回転したときに電球のときよりも多くの熱が発生しているとも思えません。これは、モーターが回転すると、実質的に抵抗値が上がるためにこのようになります。回転を始める瞬間（起動直後）はデジタルテスターで測定した抵抗値に相当する電流が流れます。計算してみましょう。

「I＝E/R」ですから、「I＝3/1.1＝2.72A」ということになります。

ちょっと乱暴な実験をしてみると、この2.72Aを確認できます。それは、回っているモーターの軸を指で押さえて、回転を完全に止めるのです。もちろんその状態を長く続けてはいけません。2,3秒なら、何ら問題ありませんのでやってみてください。

回転しているモーター軸に指で押さえる力を徐々に大きくしていくとみるみる電流値が上がっていくことが分かります。実はこの実験は非常に重要なことで、モーターをロボットに実装して使った場合、モーターの回転を止めるように負荷が掛かると無負荷で回したときの何十倍もの電流が流れるということです。

そのため、モーターのような動的（誘導性）な負荷では、最大どのぐらいの負荷が掛かるのかを想定して、スイッチングの際の電流値を考慮した回路設計が必要になります。

第3章 電子回路分野の基礎

実験その3 豆電球と小型モーターを直列につないで、3Vの電圧をかける

さあ、この結果を予想してみてください。また、なぜ、そうなるのかも説明できるでしょうか。

では、実験してみましょう。つなぐモーターの大きさや豆電球の定格（何V、何A）によって結果が変わってきます。最初に実験で使った、モーターや豆電球では、それぞれの抵抗値が大きくはかけ離れてはいないので、電気を流した直後は電球が明るく光り、そのあとモーターが回り始め、その後電球は暗くなります。

これは、モーターは静止している状態での抵抗値が電球より若干低く、最初にモーターの両端にはあまり電圧がかからないために、その分電球側に多くの電圧がかかるわけです。しかし、わずかの電圧ながらモーターが回転できる程度であれば、モーターの回転とともにモーターの内部抵抗が上がってくるため、モーターに掛かる電圧も徐々に上がっていき、それと同時に電球側に最初高く掛かっていた電圧が下がってくるので、光りが暗くなってくるのです。（モーターの両端と電球の両端の電圧の和はこの場合は、ほぼ3Vで一定です）

モーターと電球の直列つなぎ

では、もっと抵抗の小さい高出力モーターと電球を直列につなぐと、どうなるか実験してみましょう。3Vをかけたときの電流が0.44Aになる高出力モーターを使ってみます。

高出力モーター

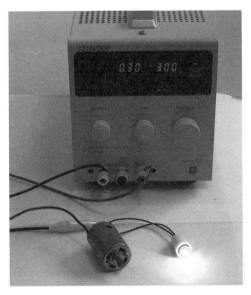

電球だけが光り、モーターは回転しない

すると、電球だけが明るく光り、モーターはまったく回転しません。
このときのモーターと電球の両端の電圧を測定してみると、それぞれ、
0.35Vと2.6Vで、モーターにはほとんど電圧がかかっていないこと
が分かります。

このことは、ロボットにどんなモーターを使うかを決める際に重要
な考え方の1つになります。それは、強いモーターを求めるあまり、
つい、高出力（巻数の少ない）モーターを選ぶと、起動時に電圧があま
りかからなくなり、「立ち上がりが悪い」という結果になるということ
です。特に、モーターに何らかの負荷が掛かっているときは、いつま
でもモーターにかかる電圧が上がらずに回ってくれず、そのまま煙が
出るなどということにもなりかねません。
この場合の直列に入れた電球は、バッテリーの内部抵抗と見ること
ができます。

次に、電力について見てみます。電力をPで表わすと、「P=I×E」で
す。
つまり、電圧と電流を掛け合わせたものが、電力となり、どれだけ
の仕事をしてくれるのかを表わす目安となります。電流、電圧、もし
くはその両方を上げていけば、たくさん仕事をしてくれるということ
になりますが、ロボットなどの環境で限られたバッテリーで考えると
きは、両者を同時に上げていくのは難しくなります。

モーターを回す場合で考えると、たとえば、10V-2A　のモーター
にするか、20V-1Aのモーターにするかというようなことになります。
この2つのケースはいずれも電力は20Wで等しくなります。では、ど
ちらにしても同じなのかというと、そうとも言えません。先ほどの実
験がそれを示しています。モーターに何らかの負荷が掛かったときにモー
ターにかかる電圧が低くなる度合いが高いのが、10V-2Aのモーター
ということになるからです。つまり、立ち上がりが悪く、なおかつ、

電流を多く必要としているので、最悪の場合モーターが焼けてしまいます。

　そのため、ロボットに使うモーターは、できれば、同じ仕事量の高電圧モーターを使った方がメリットは高いと思われます。　電流値を抑えられますので、配線の太さを細くできるメリットもあり、配線で発熱して電力ロスをしてしまうことも極力避けられます。
　デメリットとしては、バッテリーの電圧を上げなければならないことです。

　バッテリーの電圧を上げるということは、一般的にはバッテリーの本数を増やすことになるので、ロボットの重量アップにつながってしまいます。しかし、最近では、リチウム系の軽くて電圧の高いバッテリーが一般化してきたので、できる限り電圧を上げて、電流を抑えた設計の方がよいでしょう。

3-3 はんだ付けの基本

　はんだ付けは、電子回路を組み立てる際に重要な作業になります。はんだ付け作業をせずに、写真のようなブレッドボードに部品を差し、付属の線で、配線して回路を組む方法もありますが、それはあくまでも実験・検証の際に使える方法であり、実際のロボットにそれをそのまま組み込むことはできません。

　はんだ付け作業は、慣れれば難しくはありませんが、初めての人にとっては、かなり敷居の高い作業のようです。では、手順を写真で示します。はんだ付け作業に必要な道具は、「はんだごて」と「はんだ」、それから、組み込むためのパーツと基板です。

　基板には、片面と両面がありますが、今回は片面のもので、スイッチを押すと、LEDが光るだけの、単純な回路で示します。用意するパーツと回路図は次のとおりです。

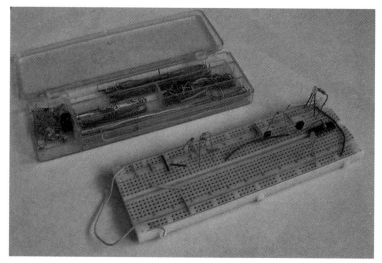

ブレッドボード

[3-3] はんだ付けの基本

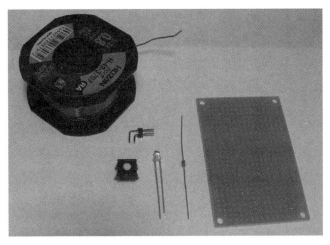

使用するパーツとはんだ

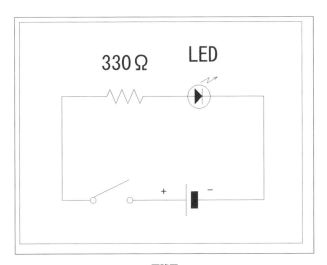

回路図

　さて、この回路を用意した基板（72mm × 48mm）に組み込んではんだ付けをしていくのですが、はんだ付けの前に必ずやらなくてはいけないことがあります。
　それは、必要なパーツをどのように配置していくかです。

絶対的な配置ルールはありません。たとえば、次のように余裕をもった配置にしてもよいわけです。また、並べるパーツの位置もおおむね自由です。

余裕をもった配置

どのように並べても、裏側の配線が、回路図どおりならば動作します。

しかし、ロボットに組み込む基板となると、工夫が必要です。たしかに、余裕をもった配置にしようとすれば、パーツの数に対して基板の大きさというものも大きく取る必要があります。ロボットの組み込みスペースに余裕があればそれでもよいのですが、現実的には、あまり余裕はないものです。

そのため、私の場合は、必要最小限の大きさまで基板を小さくすることにしています。今回の場合ならば、次のように基板を切断してしまい、パーツは配置できるぎりぎりまで密集させます。つまり、ほとんど余裕は取らないようしています。こうすると、基板の裏側の配線はかなり大変なことになりますが、ショートなどはしないように万全を期します。

今回、基板は使用するパーツの個数から、写真の程度まで小さく切りました。

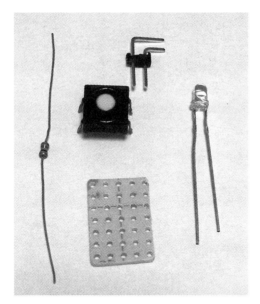

使用するパーツと基板

そして、回路図を参照しながら、適切な位置にパーツを配置していきます。実は、この「適切な位置」というのが重要です。回路図面どおりの位置という必要はなく、電気回路として回路図どおりに成立していれば、パーツの位置はたいていどこでもいいのです。

そのため、なるべく合理的な位置にパーツが配置されるように考えます。

この配置は十人十色です。私は、今回次のように配置しました。

今回のパーツ配置

この配置のように回路図を描くと次のようになります。
もちろん、回路図そのものの変更ではありません。

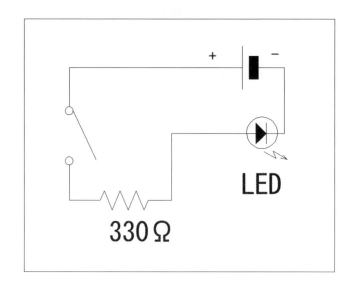

基板の配置とほぼ同じ回路図

では、そのように配置したパーツをはんだ付けしていきます。

はんだ付け作業

はんだ付け作業のとき、基板が小さい場合は、写真のように、何らかの方法で、基板をきちんと固定して行ないます。また、「こて先」は、先の尖った、細いものを使い、「はんだ」の太さも、0.8mm以下のものにすると、うまく作業ができます。

　「はんだ付け」をしようとする部分にまず、「はんだごて」を当て、直後に「はんだ」を付けます。そうすると「はんだ」が溶けると同時に「はんだ」に含まれるヤニが出て、あっという間にきれいな「はんだ」付けが完了します。接合したい部分に溶けた「はんだ」がきれいに乗るようにすることがこつです。

　次の写真は『うまく「はんだ」が乗った例』と『うまく「はんだ」が乗らなかった状態』の写真です。

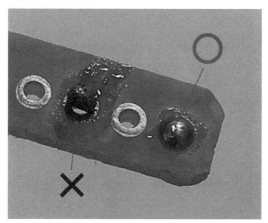

はんだ付け　「不良」と「良」

　うまくはんだが乗らない状態では、電気的に導通しなかったりしますので、注意が必要です。回路が複雑になって、はんだ箇所が増えてくると、回路が正常に作動しなかった場合、回路図がおかしいのか、配線がおかしいのか、はんだ不良によるものかなど、検証しなければいけない部分が多くなるので、はんだ不良による誤動作だけは避けたいものです。

【3-3】はんだ付けの基本

はんだ付けを上手にやるコツは、次の3つです。
①こて先を、充分にクリーニングしてから行なう
②はんだ付けしようとする部分にまず「こて先」を当て「はんだ」付け個所の温度を上げ、直後に「はんだ」を接触させる。うまく付いたら、すぐに「こて先」を離す
③とにかく短時間でおこなう

こて先クリーナー

こて先クリーナー

　「こて先」クリーナーにはいくつかの種類がありますが、私は、写真のような、スポンジに水をしみこませて、そこで「こて先」をきれいにするタイプを使っています。

逆に、はんだ付けを失敗する人の特徴は次の４つです。

①こて先が汚れているにもかかわらず、その状態で行なおうとする
②最初にこて先に「はんだ」を持っていて「こて先」に「はんだ」を盛り、その後、はんだ付け個所に、そのこて先をもっていく（まったくのNG）
③お習字の２度書き同様、はんだ付け個所の２度付け、３度付け
④電子工作のような小型パーツの「はんだ」付けに、大きめ（W数の高い）の「はんだごて」でやろうとする

　失敗行為の②③④がなぜいけないかというと、「はんだ」にも新鮮さがあるからです。「はんだ」は、長く「こて先」で熱せられていると劣化してきます。また、「はんだ」に含まれるヤニ（フラックス）も蒸発してなくなってしまいます。この２つの悪条件で良好な「はんだ」付けをすることはできません。

　もし、「失敗したな」と思ったら、無理せず、一度その部分の「はんだ」をはんだ吸い取り機で吸い取って、改めて「はんだ」付けを行ないます。

[3-3]

はんだ付けの基本

3-4 電子回路組み立てに必要な電子部品

抵抗

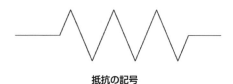

抵抗の記号

　抵抗は、電流を制限する部品です。電子回路において、電流を制限したい理由はさまざまなので、どんなときにどのくらいの抵抗値のものを使うかもさまざまです。基本的な動作は次のような回路でも説明できます。

　次の回路は、単純に電池に抵抗をつないで、どれぐらいの電流が流れたかを見るためのものです。

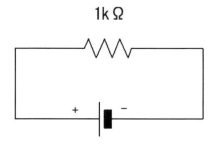

電池と抵抗の回路

　これは、前に記述したオームの法則の基本に従いますので、1kΩの抵抗で電池の電圧が1.5Vであれば、流れる電流Iは、
　「I=E/R」ですから、「I=1.5/1000=0.0015A（1.5mA）」ということになります。
　抵抗には、1/4Wや1/6W、1W、2Wなど、同じ抵抗値でも、ワット数というものによって、その物理的な大きさが違うものがあります。

これは、どのように使いわけるのでしょうか。これは、単純にW数を計算して、その値よりも大きなW数のものを使うということです。先ほどの回路の場合のW数は「I×I×R」で求められるので、「W=0.0015×0.0015×1000=0.00225（2.25mW）」ということになります。1/6Wは0.167（167mW）なので、「167mW>2.25mW」ということになり、この場合は1/6Wの抵抗でよいということになります。

　では、電池はそのままで、抵抗を10Ωにするとどうでしょう。
　「I=1.5/10=0.15A（150mA）」になります。
　電力は、「W=I×I×R=0.15×0.15×10=0.225（225mW）」
　これは1/6Wでは足りないので、1/4W（250mW）でないといけないということが分かります。
　このように、抵抗のW数は、流れる電流によって決まるので、抵抗値が小さくなると、一般的にW数の大きな抵抗が必要になってくることが分かります。

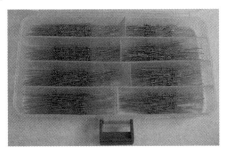

1/4W、1/6Wの各種抵抗

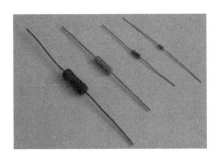

2W、1W、1/4W、1/6W抵抗

電子工作でよく使う1/4W、1/6Wの各種抵抗は、100本単位で購入すると1本1円程度で購入できますので、各種値をまとめ買いして、写真のようなケースに入れて常に持っていたほうがよいでしょう。また、ケースには数字でその抵抗の値をシールで貼り付けておくこともお勧めします。抵抗はカラーコードでその値を読み取ることはできますが、似たような色だと、値を見誤ることもあるので、間違いを減らす意味でも値は一目で分かるようにしておきましょう。

ケースに抵抗値のシールをはったもの

また、同じ抵抗値の抵抗が複数入った「集合抵抗」とよばれる部品もあります。

同じ値の抵抗を1つの端子を共通として複数使いたい場合は便利です。

集合抵抗

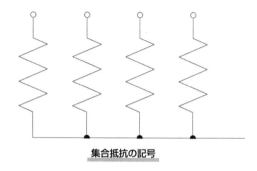

集合抵抗の記号

可変抵抗（ボリューム）

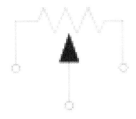

可変抵抗の記号

　可変抵抗は、文字どおり抵抗値を変化させることのできる部品で、1kΩや10kΩなど、各種抵抗値のものがあります。一昔前までは、テレビやラジオの音量を変えるために必ずといっていいほど付いたものですが、最近では、電子ボリュームが主体なので、あまり見かけなくなりました。

　写真右のものは、半固定抵抗と呼ばれ、回路基板上に付けて調整のために用いられます。可変抵抗には同じ抵抗値のものでも、ＡタイプやＢタイプといった区別があります。これは、抵抗値がどのように変化するかによって違いがあります。オーディオ用の音量をコントロールするものは対数特性で変化し、Ａタイプです。抵抗値が直線的に変化するものはＢタイプです。この本の中で使うのは、すべてＢタイプです。

左がボリューム、中、右が半固定抵抗

コンデンサ

電解コンデンサ(左)とその他のコンデンサ(右)の記号

　コンデンサは、電気をためることができる部品です。ためられると言っても、バッテリーなどと比べると極端に少ない量でしかありません。ですから、バッテリーの代替品として使うことは実用的ではありません。
　一般のバッテリーの容量以外にも、電気をためる仕組み自体が異なります。コンデンサは、接触しないように向い合せた金属板の間に電荷をためる仕組みなのに対して、バッテリーは化学反応で電気を蓄えます。この仕組みの違いで、コンデンサの方がバッテリーに比べて極めて長寿命です。

　コンデンサのためられる量(キャパシティー)や耐えられる電圧(耐圧)によって多くの種類のものがあり、電子回路においては、他の部品と使われることにより、さらに多くの目的で使われます。極性のある電解コンデンサやタンタルコンデンサのほかに、極性のないタイプ(無極性)もあります。

　極性のあるタイプのものは、+-を間違えないように注意が必要です。また、耐圧以上の電圧をかけると、破損して、最悪の場合コンデンサの両端がショート状態になることもありますから、定格を超えた電圧をかけないようにしなくてはいけません。

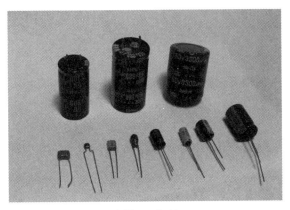

各種コンデンサ

コイル

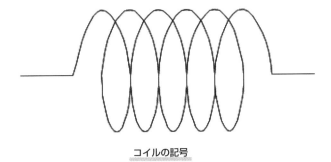

コイルの記号

　コイルは、電流の変化が誘導起電力となって現れる性質（インダクタンス）を持つ部品です。この値はコイルの巻数が多いほど大きくなります。この部品の使われ方はいろいろあります。ときには、発電機としての役割（DCコンバータで使用）をしたり、直流を流せば電磁石にもなります。そのほか、コンデンサと一緒に使うことで発信回路を構築したりと、その役割は多岐にわたります。

　また、ちょっと変わった見方になりますが、個人で作成可能な数少ない電子パーツでもあります。コンデンサやトランジスタ、抵抗など

のパーツは個人で作成することはほぼ不可能ですが、コイルは作れます。もちろん、どのような目的でコイルを作るかにもよりますが、電磁石のようなコイルならば案外簡単に作ることができます。

コイルの単位はインダクタンスの大きさを表わすH(ヘンリー)ですが、これを測定するには、通常のテスターなどではできず、インダクタンスを測定できる特別なテスターや測定器が必要になります。

インダクタ計

電子工作の中では、昇圧回路などを作るときなどに使用することが出てくるかもしれません。同じ値(インダクタンス)のものでも、多くの種類・形状のものがあります。

同じ値で大きさが違うのは、流せる許容電流の違いによるものです。コイルは、基本的にポリウレタン線などをコアなどに巻いたものですが、巻く線の太さが太ければ細い線を巻いたものに比べて多く電流を流せます。

しかし、同じ回数を巻いて同じインダクタンスにすると、当然コイルそのものの大きさが大きくなります。それで、同じ値でもいろいろなものが売られているわけです。

お店によっては、インダクタンス値だけではなく、許容電流値も表示している場合があります。

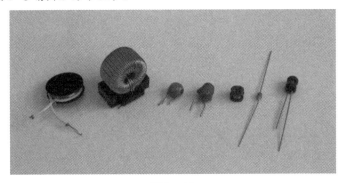

各種コイル

　写真の中に、一見抵抗のようなコイル（右から2番目）がありますが、コイル（マイクロインダクタ）ですので、間違わないようにしましょう。

トランス

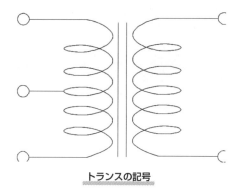

トランスの記号

市販の電源トランス

カセットデッキから取出した電源トランス

　トランスの基本は、コイルを複数巻いて、昇圧や降圧をするためのパーツです。もちろん、それが可能なのは、トランスのコイル部分に交流を流した場合です。直流を加えても、電流は流れますが、つないだ瞬間以外は基本的にほとんど何もおきません。

　つい最近まで、たくさん身近で使われていた製品にACアダプタというものがあります。もちろん今もあるのですが、それは、AC100VからDC5Vとか、DC12Vとかの直流で100Vよりも低い電圧にするためのものです。

　ノートパソコンなどにも同じような部品が使われていますが、現在では、それにはトランスがメインには使われておらず、スイッチング電源と呼ばれ、多くの半導体やパーツなどが使われた回路のものに置き換わっています。

しかし、かつてのACアダプタは次のようにトランスを使っていて、至極シンプルな回路構成で実現していたのです。トランスがメインに使われているので、キューブのような形になっていたわけです。

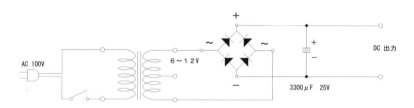

アダプタの回路図

トランス式・ACアダプタ

このACアダプタにおけるトランスの役割は、電圧を下げることです。と同時に取り出せる電流を多くすることでもあります。というのは、電力＝電圧×電流はほぼ同じになるので、電圧を下げれば、電流を多く取り出せるということになります。逆に、電圧を上げれば、取り出せる電流は減るということにもなります。

100Vの電圧をACアダプタで10V-1Aにしたときには、理論的には100V-0.1Aの電力が消費されています。

その逆に、電圧を上げる装置もあります。比較的身近にあるのは、自動車のバッテリーからAC100Vを作るインバータというものです。自動車のバッテリーは12Vですから、100V-100Wのインバータでは、理論的には12V-8.3Aの電流が流れます。実際には効率は100%ではないので、10A近くの電流が流れることになります。（トランスをメインに使わずにスイッチング回路で行なっているものもあります）

このようにトランスの基本は、1次側と2次側のコイルの巻き数の比率を変えることで電圧を自由に上げ下げできる部品なのです。
　この他にも、かつてはトランジスタオーディオ回路などでインピーダンスの変換のためのトランスが使われたりもしていましたが、現在では、トランスを使わなくても効率のよい回路が組めるようになったため、使われる機会は少なくなりました。

ダイオード

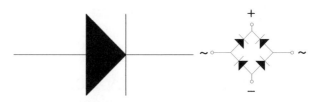

一般のダイオード(左)とブリッジ(右)の記号

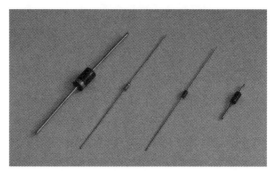

ダイオード

ブリッジダイオード

ダイオードは半導体の1つで、特性によって多くの種類はありますが、基本的には、電気を1方向にしか流さないという整流作用を持ちます。この基本的な性質を使った分かりやすい例として交流を直流に変換するという使い方があります。

　前述したように、AC100Vをトランスで電圧を下げ、その後にダイオード（ブリッジ）で整流し直流にします。この他にも多くの用途に使われますが、ここではこれぐらいにしておきます。

トランジスタ

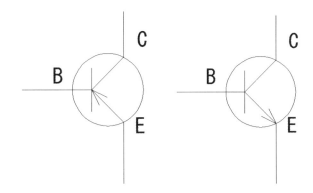

PNP型ダイオード（左）とNPN型ダイオード（右）の記号

　トランジスタは20世紀の大発明と言っても過言ではありません。トランジスタには電流や電圧を増幅する作用があります。電流の増幅では、微小な電流の変化を大きな電流の変化に増幅し、オーディオアンプのように大きなスピーカーを大音量で鳴らしたりできます。

　電圧の増幅も同様ですが、トランジスタを使っただけで、1.5Vの電池から、電圧増幅を行なって、5Vの電圧を作ったりはできません。

　一見このようなこともできるのかと思いがちですが、電圧の増幅というのは、電源に使用する電圧までしか大きくできません。電源電圧よりも高い電圧を作りたいときは、DC-DCコンバータを使うことになります。

トランジスタの増幅作用を説明するための簡単な回路を次に示します。反射型のフォトリフレクタで物体を検知し、LEDを点灯させるものです。

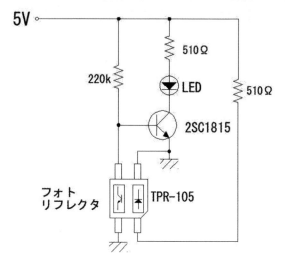

物体を検知するとLEDが消える回路

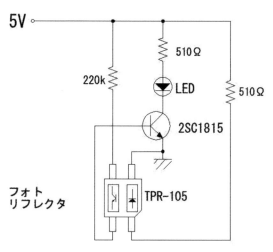

物体を検知するとLEDが点灯する回路

FET

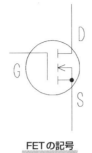

FETの記号

左N型MOS-FET　右P型MOS-FET

　FETは「Field Effect Transistor」の略で、これもトランジスタです。
しかし、通常FETをあまりトランジスタとは呼ばず、FETと呼んでいます。

　いわゆるトランジスタと何が違うのかというと、一般のトランジスタがベース・エミッタ間に流した電流に比例して、コレクタエミッタ間に電流が増幅されて流れるのに対して、FETでは、ゲート・ソース間に加えた電圧に対して、ドレイン・ソース間に電流が流れます。特にロボットなどでは、このパーツを増幅目的で使うのではなく、モーターなどのスイッチング(入れたり、切ったり)に使います。

第3章

電子回路分野の基礎

FETにはN型（2SK***）とP型（2SJ***）タイプがありますが、この使い分けについては、後述します。この2SKや2SJという呼び方は日本のメーカのFETで使われている型番になりますが、最近の海外製のFETはそのような型番ではないので、N型なのかP型なのかは、よく分からないものも増えていますので注意が必要です。

このパーツが便利なのは、マイコンなどでモーターを制御しようとしたとき、マイコンの端子から、ゲートに電圧をかけさえすれば、スイッチを入れられることにあります。このことは、スイッチやリレーのようなスイッチングを無接点でできるため、接点不良などが発生せず、長時間にわたって安定的に大電流をスイッチングできます。

ただし、ドレイン・ソース間をONした状態にするためには、ゲートに対して、そのFETのゲートON電圧以上の電圧を確実にかけてやる必要があります。

中途半端なON電圧をかけて、ドレイン・ソース間につないだモーターなどを回し、その電圧が、ON電圧を下回ったりすると、FETはかなり発熱し、最悪煙を出して破損します。たとえ、モーターに流す電流が規格上のドレイン電流のMAX値を下回っていてもです。

ゲート電圧は、規格上のMAX値以内であれば、充分高くかけた方がよいでしょう。たとえば、モーター駆動用のパワーMOS-FETの2SK3142のゲートON電圧は、4Vぐらいですが、10Vぐらいかけておいた方がよいでしょう。（MAXは18V）

また、この電圧は、瞬間的であっても、中途半端に（1Vとか、2Vとか）に降下すると、上述したような問題がおきますので、このゲート電圧をかけるための回路電源は、モーター駆動用の電源とは分けておいた方が無難です。

では、スイッチング用のN型パワーMOS-FET「2SK3142」（もしく

は2SK3140など)を使って、簡単なスイッチング回路とその注意点について述べます。

まず、次の回路を見てください。

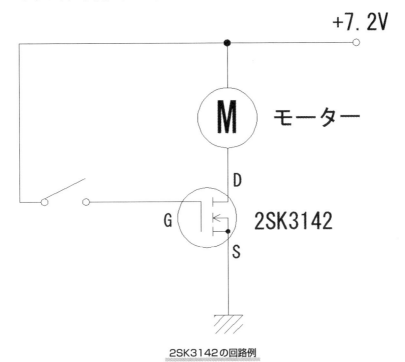

2SK3142の回路例

この回路のスイッチを入れると、FETのゲートに7.2Vの電圧が加わり、ドレイン・ソース間がつながり、モーターが回りだします。FETが大きなスイッチの替わりになっているということです。

しかし、この回路には問題があります。まず、その1つは、このまま動作させると、FETが簡単に壊れてしまうかもしれません。

2SK3142は、ドレイン・ソース間電流は60Aも流せるので、電流で壊すことは、滅多にありません。では、なんで壊れてしまうかもしれないのでしょうか。

それは、モーター（コイル）から発生する、逆起電力（フライバック電圧）によるものです。モーターは基本的にコイルであり、ブラシによって、+-が切り替わり、そのつど高い電圧が発生します。それが、FETの規定最大定格電圧を上回ることが珍しくないからです。

では、必ずこの回路でFETが破損するかというと、小さいモーターなら壊れないかもしれませんし、電球などのような、発電（誘導）素子ではないものでは、壊れることはないでしょう。この対策としては、モーターと並列にダイオードを次の回路図のように入れます。

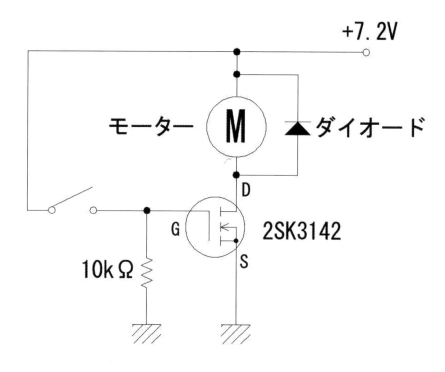

ダイオードで対策した回路例

これにより、発生した高電圧は、ダイオードで吸収されます。ここに使うダイオードは、通常の整流用やスイッチング用のダイオードで、逆耐圧電圧が100V以上のものであれば、問題なく使えると思います。

さて、これで、問題なく動作するでしょうか。残念ながら、これでもまだ、だめです。

実験すると分かるのですが、これでは、スイッチを切っても、モーターは止まりません。

なぜなのでしょうか。それは、FETのゲートには一度電圧を加えると、コンデンサのように素子内に電荷が残ってしまっているからなのです。その影響で、スイッチを切っても電圧がかかったままのような状態になってしまうのです。

これを解決するために、ゲートとグランド（この場合はマイナス端子）の間に10kΩの抵抗を入れておきます。これで、スイッチを切ったときに、ゲートに残っている電荷は消えてくれます。

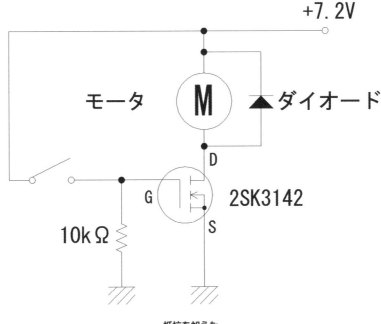

抵抗を加えた

これで、だいたいはうまくスイッチングできると思いますが、使用するモーター(RS540タイプ)によっては、起動時に数十Aの電流が流れるものも珍しくありません。

その場合、この回路図のように、モーターを回す電源とゲートをドライブする電源が共通になっていると、モーター起動時に7.2Vの電圧が瞬間的に1,2Vにまで降下して、FETのゲートON電圧を下回ってしまうことがあります。こうなるとやっかいです。

　ゲートの電圧がON電圧まで達しないと、モーターをスイッチングできません。モーターは回り出さないまま電流は流れ続け、電圧は下がったままになります。これを放置すると最悪FETは破損、もしくは、モーターのコイルが焼けます。60Aも流せるFETだから大丈夫だとは思わない方がよいでしょう。

　この解決策で確実なのは、電源を分けることです。バッテリーを共通にできないのは、あまり歓迎されませんが、回路の動作を確実にする方を優先します。

　この場合の回路は次のようになります。

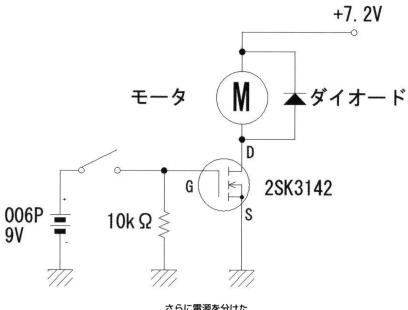

さらに電源を分けた

モータードライブ回路は、このような基本的な考え方で設計すれば、トラブルは極力減らせます。

　さて、もう1つ大事なことを述べておきます。FETを大電流のスイッチングに使用できることはお分かりいただけたと思いますが、FETを使わない次の回路を見てください。

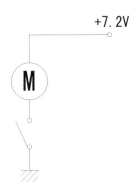

FETを使わない回路

　先ほどのFETの部分をメカニカルなスイッチに置き換えただけです。電流容量の大きなスイッチならば、これでも、何の問題もなくスイッチングできます。

　さて、この場合、次のようにすると何か問題があるでしょうか。

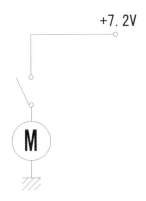

どこが変わった？

スイッチとモーターの位置を入れ替えただけです。もちろん、これでも、先ほどの回路とまったく同様に動作します。では、FETを使ったときも次のようにもできるでしょうか。

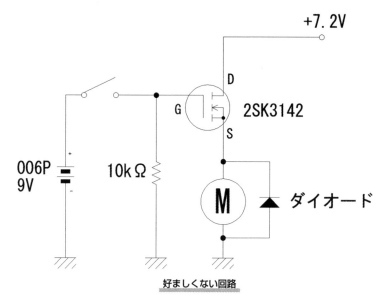

好ましくない回路

　この回路では、先ほどのメカニカルなスイッチを使って、モーターとスイッチの位置を入れ替えたのと同様に、FETとモーターの位置を入れ替えてみました。

　先ほどは、ドレイン側にモーターが接続されていましたが、今度は、ソース側に接続しています。

　結論的に言えば、好ましくはないということになります。その理由は、ゲート電圧のかかり方にあります。FETを充分にスイッチングするためには、規格表にあるゲートON電圧以上をかける必要があります。

　先ほどのモーターがドレイン側に接続されている回路では、ソースは直接グランドに接続されていますから、ゲートには、かけた電圧がそのままかかることになります。しかし、モーターをソース側に接続することで、ソースがグランドに接続されなくなります。ということは、この回路では、ソースの電圧は0Vではないということになります。

ゲートの電圧＝9V(006P電圧)-VS(ソース電圧)となりますから、VSが0Vでなければ、ゲート電圧＜9Vということになります。VSの電圧はモーターの＋ですから、ほぼ7.2V程度がかかるということであれば、この回路でVS＞0ですから、結果として、ゲートに充分な電圧がかからない(9-7.2＝1.8V)可能性があります。そのため、このような回路は避けた方がよいでしょう。特段このようにしなくてはいけないという理由も見当たりませんから。

FETにはN型とP型がありますが、その使い分けは、たとえばモーターの正転・逆転を制御するようなブリッジ回路で便利に使うことができます。

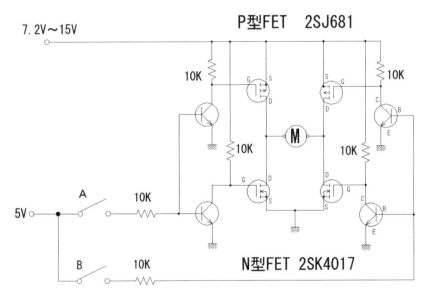

モーター正転・逆転ブリッジ回路

オペアンプ

　オペアンプとは、トランジスタで構成され、理想的な増幅器として構成されパッケージ化された、正しくアンプそのものです。外部に付ける抵抗などで任意の増幅率を実現できたり、差動アンプを構成できたりと、アナログ回路の主役的な存在です。

　この部品の使い方については、この誌面で私が説明するよりも、多くの文献が世に出回っていますので、そちらを参照していただければと思います。

LED

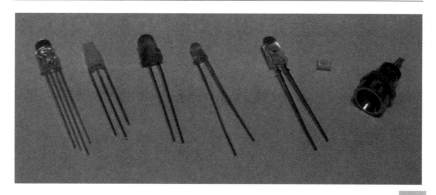

LED

　LEDは発光ダイオードの略で、文字通り光るダイオードです。ダイオードなので、＋-の区別があります。一昔前までのLEDの用途は、表示用途がほとんどでしたが、最近のLEDは非常に高輝度のものも出てきたので、照明に使われるようにもなってきました。光るということについては、電球と同じようなものですが、使用に当たっては、注意点があります。

　まず、LEDの端子に直接、電池をつないではいけないということです。LEDはかけた電圧に比例して電流が流れるようなパーツではないので、

ある電圧以上(普通は2Vぐらい)からは、急激に電流が流れるようになります。

そのため、直接電池をつなぐと、過電流によりLEDは破損してしまいます。

そこで、電流を制限するための抵抗を入れる必要があるのです。

5Vの電圧であれば、330Ωがよく使われますが、最近の高輝度のLEDは1kΩやそれ以上の抵抗値でも、充分な輝度が得られます。当然、高い抵抗値の抵抗を入れれば消費電力は少なくなるので、バッテリーで駆動するような製品では、バッテリー寿命は長くなります。

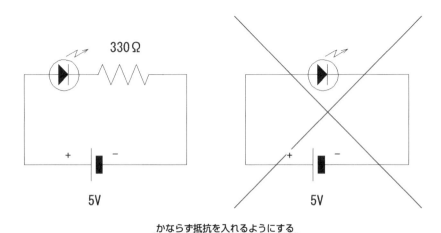

かならず抵抗を入れるようにする

第3章 電子回路分野の基礎

リレー

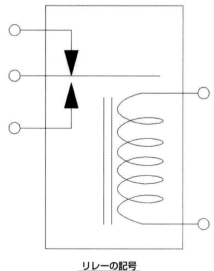

リレーの記号

　リレーは、電磁石に電気を流すことで、スイッチに当たる部分の接点を動かすことによって、手で行なうスイッチ操作を行なえる部品です。
　これがなぜ便利かというと、たとえばマイコンで直接ON-OFFができないような100Vの電球を点灯させたり消したりできるということです。リレーの名前は、このように低電圧のスイッチ操作を高電圧のスイッチ操作に引き継ぐというところからきています。
　最近では、同じような機能をFETなどの半導体素子で行なうことが多くなっていますが、リレーは現在でも使われており、消えることもなさそうです。

　その理由を長所と短所から見てみたいと思います。

リレー

　まず、長所としては、「スイッチの機能として、+-に依存しない」ということがあげられます。FETなどの半導体素子をスイッチとして使う場合、N型のFETであれば、スイッチONのときに流れる電流の方向はドレインからソースです。P型であれば、ソースからドレインです。流れる電流に方向性があっても、問題にならない回路もありますが、ときには、両方向に対応してほしい場合もあるのです。回路を組んだ後でも、双方向に電流が流れるスイッチはリレーでないとやりづらいということなるのです。
　もう1つの特徴としては、2回路、2接点のような表現で言われるように、独立したスイッチを複数個、また、切り替えるスイッチの方向を2通りにできたりします。

　昔は、ロータリーリレーという、多方向へのスイッチを備えたものもありましたが、現在では、スイッチの方向は1、ないしは2であるものがほとんどです。
たとえば、次のような簡単な回路でその便利さを説明しましょう。
コンデンサに充電した電気をリレーで切り替えて放電させてLEDを点けるというものを見ていきます。回路図は次のようになります。リレーは2接点のものです。

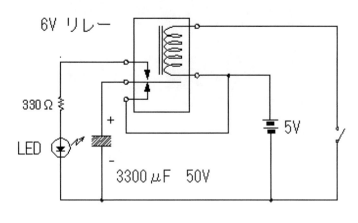

リレーを使った回路

　この回路で、リレーに電流が流れていないときは、電池から電解コンデンサに充電されます。充電は一瞬にして行なわれます。その後、スイッチを入れると、リレーのコイルに電流が流れ、リレーのスイッチが切り替わり、コンデンサとLEDは接続されますので、LEDは、コンデンサに蓄えられた電荷がなくなるまで、点灯します。

　もちろん、この例の場合はリレー部分をメカニカルなスイッチに置き換えることもできますが、マイコンなどでリレーはON-OFFできますので、何らかの制御回路を必要とするとき（メカニカルなスイッチが利用できないような場合）には便利な部品です。

電源用レギュレータ

左から5V　1A、500mA、100mA

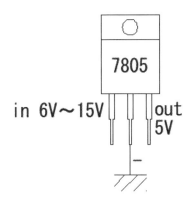

7805接続図

　電源用レギュレータはかなり昔から広く使われている、安定した一定電圧を得るために使われる部品です。使用したい電圧によって、5Vとか6V用、9V、12Vなどが揃っています。写真にあるように大きさが異なるのは、取り出せる電流の違いによるものです。使用するときは、回路で最大どれぐらいの電流が必要なのかを確かめて選択しましょう。200mAも流れるような回路で、100mAのものは当然使えません。余裕をもった電流容量のものを選びましょう。

また、入力の電圧は、使用する電圧より1V以上(製品によって多少異なる)は高くかけなければなりません。また、かけられる最大電圧も決まっていますので、それ以上の電圧をかけてはいけません。とは、言っても、たとえば5Vのレギュレータでしたら、12Vぐらいをかけても問題ありません。逆に、5Vのレギュレータで5V以下の電圧をかけても、5Vを取り出すことはできませんので、許容される最大電圧の範囲で充分高い電圧をかけるようにしましょう。

マイコン(PIC)

いろいろなPICマイコン

　マイコンはマイクロコンピュータの略です。身近になったパソコンにも入っているものですが、それ以外にも、冷蔵庫や洗濯機、電子レンジに炊飯器など、家庭用の電化製品には、ほとんど入っていると言ってもいいでしょう。どんな部品でもそうですが、マイコンについても複数のメーカーから、多くの種類のものが販売されています。メーカーが違えば、その使い方も異なったものになります。

　また、1つのメーカーのマイコンでも、そのラインナップは数多く、それぞれが特長を持ったものになっています。

ですから、最初は、どのマイコンチップを選んで使えばよいのか、なかなか理解できないかもしれません。また、マイコンでもっとも重要なことは、TTL(トランジスタ・トランジスタ・ロジック)などのパーツと違って、回路図どおりに配線しただけでは機能せずマイコン本体に必ずプログラムを書き込んでやらなければなりません。もちろん、回路基板に実装した後でも、Flashタイプのマイコンであればプログラムの変更は可能です。これらのことについても、本書で語りつくせるものではありませんので、ぜひ、他の専門書(「PICマイコン」で学ぶC言語、工学社)などを参考にしてみてください。

　本書で取り上げるマイコンは、マイクロチップス社製のPICと呼ばれるマイコンです。
　このマイコンへの書込みは、一般的に次のような「PICkit」と呼ばれるライターを、パソコンにUSB接続し、さらに、製作したPICマイコン回路基板に接続して使います。
　旧タイプのPICkit3は純正品でも5000円程度で購入できましたが、新型のPICkit5は17800円と、かなり高価なものになってしまいました。

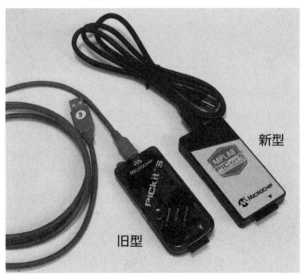

PICkit3(左)　PICkit5(右)

基板

ユニバーサル基板

　基板は、特定の電子回路を組むときに、各電子部品を固定するためのものです。もちろん、基板を使わずに、電子部品を直接つないで、回路を構成してもよいのですが、基板を使った方がやりやすいので、ほとんどの場合基板を使います。

　量産品に使うような場合は、写真のようなプリント基板を外注し、作成して使います。

　最近では、中国のプリント基板メーカーが、安価で基板を作成してくれますので、昔に比べると個人でもプリント基板の作成は容易になりました。

　プリント基板を発注するときは、「プリント基板作成用ソフト」を使ってパターンを作成し、「ガーバーデータ」というものに変換したファイルをメールに添付してメーカーに送ります。

プリント基板

　プリント基板以外では、私たちが通常使うユニバーサル基板があり大きく分けて、片面と両面のものがあります。いずれも、穴の間隔が2.54mmのものをよく使います。それは、私たちアマチュアが入手できる電子パーツの多くが、この間隔にはめられるようになっているからです。

　たとえば、ICでも、DIPタイプのものは、この2.54mmの基板にぴったりと入りますが、フラットタイプのものや、チップタイプの抵抗やトランジスタ、LEDだと、ピッチが1.27mmだったり、0.65mmだったりするため、なかなか実装するのが難しくなります。1.27mmピッチのユニバーサル基板もあるのですが、ピッチが狭いため使うのはかなり難しいです。

　また、両面基板では、表と裏側の穴はスルーホールといって、電気が通るような構造になっています。両面・片面のどちらを使うのがよいかは、場合にもよりますので一概には言えませんが、この実装の難しいフラットタイプのものでも、両面基板を使うと工夫次第によっては、

実装が可能となります。なぜならば、部品を付けた裏側から、配線を
とれるからです。

　ただし、両面基板では、スルーホールとなっているため、リードタイプのパーツでは一度はんだ付けすると、外すのに大変苦労します。外すときは、前述した「はんだ吸い取り器」などを使ってはんだを充分に取り除く必要があります。

モーター

DCモーター

　写真は、ラジコンカーなどでよく使われるモーターで、同じサイズのものでも、巻数（ターン数）の違いによって多くの種類のものがあります。メーカーも多数あり、どれを選んだらよいか分からなくなってしまうほどです。

　第一のポイントとしては、作ろうとしている製品のサイズに対して適切なサイズのモーターを選ぶことです。小さな製品にモーターだけ大きなものを使おうとしても無理があります。

　第二のポイントは、そのモーターを何Ｖ（ボルト）で使うかです。モーターには適正な電圧範囲があります。一般的には電圧を上げればモーターの回転数は上がっていきます。
　しかし、電圧を上げなくても、コイルの巻数の少ないモーターは高回転ですが、電流は電圧の高いモーター（コイル巻数の多いもの）よりも多く流れます。電流が多く流れれば、起動時に立ち上がりの悪いものになります。

　ですから、そのあたりを考慮して、まず製品に使うバッテリーを何Ｖにするかを決め、それに合った電圧のモーターを選びます。ただ、モー

ターは定格を上回る電圧をかけたからといってすぐに壊れるというものでもありません。長時間流し続けるのでなければ、定格の2倍ぐらいかけても問題なく機能します。もちろん、寿命は短くなるとは思いますが、短い時間で使用するときにはそのような使い方をしないわけではありません。

　第三のポイントは、モーターの消耗品である、ブラシの交換ができるタイプかそうでないかです。ラジコン用に売られているRS540（マブチモーター）タイプの多くはブラシ交換が可能なものも多く、ブラシが消耗しても、その部分の交換だけで、モーター全部を取り替えなくても済み経済的です。
　製品によっては、モーターを正転・逆転を繰り返して使うこともあり、ブラシの減りも早くなりますのでブラシ交換のできるタイプのモーターを選ぶとよいでしょう。

RS-540タイプDCモーター

ギアードモーター

　ギアードモーターは、モーターと減速ギアが一体化されているものです。一般的にモーターの回転をそのまま使うことは、トルク、回転数の点で、好ましくないことが多いため、何らかの減速（まれには増速）装置を入れて使います。

　ギアによって減速すると同時に高トルクになります。ギア比が1:10のものであれば、理論的には回転トルクは10倍、回転数は1/10にな

ります。ギア比や形状によって、多くの種類のギアードモーターが用意されていますので、使用する用途に合ったものを選択していきます。

　ギアードモーターは、面倒な減速装置を自作する手間を省けて確実に機能してくれますが、その形状が、作ろうとする製品にどうしてもなじまない場合もあります。

　そのようなときは、自分でいくつかのギアを構成して減速装置を作ることになります。この場合作る手間はかかりますが、かなり自由度の高い構成も行なうことができます。

ギアードモーター

第4章

実際の工作

ここでは、実際の電子工作例を紹介します。

第4章 実際の工作

4-1 木製ケースのつくり方

木製ケース

ケース作りは二の次

　電子工作では、たいていの場合、作った電子回路基板がむき出しで終わってしまうことも珍しくありません。なぜなら、ケースがなくてもたいてい機能はしますし、そもそもケースを作るのは面倒です。市販のものを使うにしてもコストは結構かかります。しかし、回路基板むき出しでは決して使い勝手がいいものとはなりません。

市販のケースを使う？

　コストはかかりますが、市販のケースを使うという手もあります。
　ケースの価格は、その大きさや形状によってさまざまです。材質も、金属のものや、プラスチックのものがあり、決して使い勝手が悪いということはないと思います。1つ難点があるとすれば、まれに、「自分が使いたい大きさや、形状のものがない、価格が高い、加工がやや難しい」ということがあります。

市販の金属製ケース

オリジナルのケースを作る

　オリジナルケースを自作する場合は、アルミなどの金属で作る場合と、ベニア板やFRPを使った材料で作る場合があります。
　熱などの問題がない場合は、木材で作ると思ったよりも簡単に加工ができて楽にできます。今回は、この木材材料を使ってオリジナルケースを作ることに絞って解説します。木材の加工は、できる限り加工の際に出る「騒音」を減らすこともできるので、戸建てではない、マンションなどにお住まいで、「ケースの加工は音が出るのでちょっと…」という方にもお勧めです。

使用する木材

電子工作作品の木材ケースを作るときにもっとも適しているのが、3mm厚のシナベニア合板です。

ラワン合板よりも価格はちょっと高めですが、仕上がりが全然違います。

完成したときに塗装を施してもよいですが、塗装をしなくても、見栄えのよいものになります。

また、シナベニアには、厚さによって、3mm、4mm、5mm…などがありますが、加工のしやすさでは、3mmがベストです。4mmでは厚さが1mm多いだけですが、穴あけ加工などがしにくくなります。もちろん、工作機械をフル稼働して、音も出し放題が許されるのであれば、4mmだろうが5mmだろうが、何でもありですが、特に、「静かに加工をしたい」というのであれば、3mmです。

今回、例として取り上げるケース

今回実装するパーツ

今回は、電子工作でよく使う、「外に出るパーツ」のための穴あけ加工を中心に解説したいので、次のようなものを実装するケースを作ってみたいと思います。

①3桁の7セグメントLED
②電源用トグルスイッチ
③電源用DCジャック
④ボリューム
⑤PUSHスイッチ

ケースの図面を示します。ケースの図面も、電子回路図を作るのと同様に、CADを使うなどで、きちんと寸法を入れた図面を描くようにしましょう。

図面を描くことで、切り出す板の寸法や加工を施す箇所の位置などを明確にできることはもちろんですが、各パーツの位置決めの検討をすることも同時に行なえます。これを省略すると、作っている途中で、「部品同士が干渉して実装することができなかった」といったトラブルになることもあります。ケース材料の作り直しは、電子回路の作り直しよりもずっと面倒ですし、時間も無駄になります。

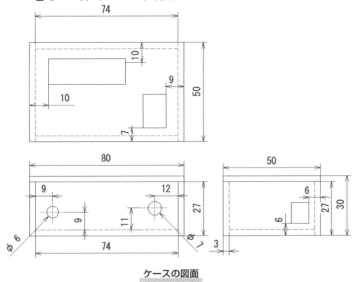

ケースの図面

また、板材を組み合わせてケースを作る場合は、板の厚みを考慮したものにしなければなりません。

図面を描くときはそのことを充分考慮して行なうのですが、その図面だけから実際の板の寸法を読むのは以外に間違いにつながりやすいため、さらに、各板ごとの部品図を描くことをお勧めします。

部品図は、図面から寸法を間違えないように描き、それぞれに部品の名前と必要な枚数も入れて作ります。

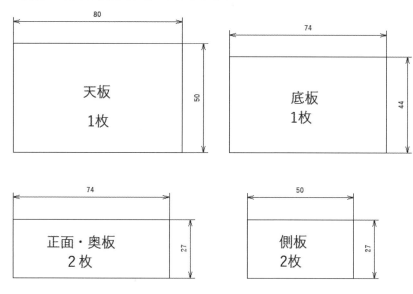

各板の図面

木取り

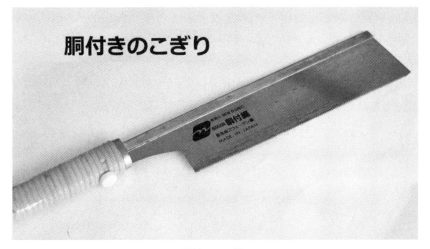

胴付きのこぎり

　図面が描けたら、できれば、1/1 の原寸で、「図面」と「部品図面」を印刷します。
　そして、その図面に従って、各部品を板材から切り出します。
　このとき、「のこぎり」を使うことになりますが、使うのこぎりは、次のような「胴付きのこ」(横引き)と呼ばれるものが、お勧めです。のこぎりの歯の厚さが 0.3mm ほどしかなく、正確にきれいに少ない力で切れるのが特徴ですが、加えて、切っているとき、極めて小さな音しか出ません。
　音をできるだけ出したくない場合は、この「のこぎり」を使うに限ります。ちょっと値段は高いですが、その性能は絶大で、のこぎりのイメージが変わると思います。

　今回使用する板は、3mm 厚のシナベニア合板です。ホームセンターでの価格は、1800mm × 900mm で 2500 円ぐらいです。

以前はもっと安かったのですが、ウッドショックのあおりでだいぶ値上がりしました。 今回作るようなケースの大きさでは、これほどの量はいらないので、小さいものを購入しても構いませんが、価格はかなり割高なので、大きいものを購入した方が断然お得です。

　板を購入してきたら、1800mm×900mmですと、扱いにくいので、半分ぐらいの大きさに切ります。ホームセンターのカットサービスなどで、切ってもらってもよいでしょう。

　あとは、部品図に従って、鉛筆やシャープペン（0.5mm）等で、寸法どおりに線（墨線という）を描いて、その線に従ってのこぎりで切ります。

　先ほど紹介した、胴付きのこぎりを使えば、切った面もきれいですし、極めて少ない力で、静かに切ることができます。

　今回のケースを作るのに必要な材料を表にすると、次のようになります。この表から、材料代も割り出せます。（合計21.5円）

シナベニア合板を使ったケース材料表

名称	横	縦	枚数	面積(cm²)	金額
天板	80	50	1	40	6.2
底板	74	44	1	32.56	5.0
側板	50	27	2	13.5	4.2
正面・奥板	74	27	2	19.98	6.2
				計	21.5

※金額は180cm×90cm=16200cm²　2500円で計算

板の加工

加工した板

　次に、各部品を取り付けるための加工をします。

　VRやスイッチはドリルで所定の径で穴をあければいいので簡単ですが、7セグLEDや、DCジャック、PUSH-SWなどは形状が四角なので、ちょっと面倒です。

　そこで、7セグLEDの四角の「くりぬき」を例に加工の方法を紹介します。やり方は1通りではありませんが、もっとも楽に、きれいにできる方法でやってみます。

墨線を入れる

まず、四角にくり抜く部分に墨線を入れます。私がいつも行なう方法は次のように、図面を1/1で印刷したものを実際に加工する材料に貼り付けて、その上からカッターを使って墨線を入れます。

こうすることで、定規を使って寸法を測りながら線を入れる面倒さがなくなります。

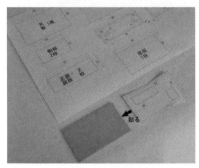
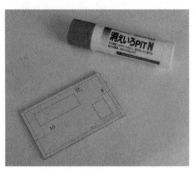
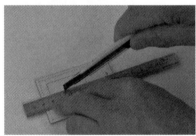

型紙を使った墨線入れ

線の通りに板を加工する

　次に、刃幅6mmの「のみ」を使って、墨線の上から刃を押し当てます。のみの「かつら」部分を「げんのう（金づち）」でたたいてもいいのですが、音がうるさいですし、たたかなくても、何回か強く押し当てるだけで、3mm厚のシナベニア板は充分にくり抜くことができます。この方法のメリットは加工の際に音が出ないことです。

　金属ケースの場合は、このような四角部分のくりぬきは容易ではありません。

のみで四角部分を欠き取る

　欠き取った後は、部品がきちんと入るように「やすり」などで削って微調整します。

同様にして、DCジャックの四角部分も欠き取ります。

パーツを実装

VRとスイッチの穴は、それぞれの径のドリルで穴を開けるだけです。

板を組む

　加工ができたら、接着剤で板を組んでいきます。

　板厚は3mmあるので、その厚み部分に接着材を塗るだけで接着できます。使用する接着剤は一般的な瞬間接着材を使います。木工用ボンドでも構いませんが、固まるまでに時間がかかるので、瞬間接着剤の方が作業効率はいいです。

　組む場合は、まず、L字型に2組の側板を接着して作ります。その際、写真のように直角のスコヤを当てて正確に90度となるようにします。

L字型に組む（2組）

　5分程度おいて接着が固まったら、2組のL型部材を接着して最終的な箱型を作ります。

　写真のように「播金」を使って固定すると、より確実です。

播金を使って固定

　次に、底板を接着します。底板は、箱型に組んだ板の内側に入れるようにしているので、接着する前に、底板がぴったりに収まるように予め調整しておきます。

図
底板を接着

　最後に各パーツを付けて、天板をねじで固定します。
　このときに使うねじは、φ1.4mm（長さ6mm）のものが最適です。板の厚さが3mmとそれほど厚くはないので、ホームセンターなどで売っている最小の木ねじでも太過ぎますので、ねじ専門店で扱っている極小のねじを使います。（https://wilco.jp/）

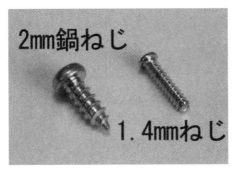

ねじ比較

完成

木製ケースはとにかく安く作れる！

　いかがでしたでしょうか。市販の金属汎用ケースを使うよりもずっと簡単に、しかも最適なサイズで作ることができます。これで板の材料費は21円ですから、この作り方をマスターしていただければと思います。

第4章 実際の工作

4-2 電子工作の必需品「直流安定化電源器」

完成した電源器

　電子工作に欠かせない機材の一つに、電圧可変型の直流安定化電源器があります。電子工作で作った回路に電源を供給するための装置です。
　そこで、秋月電子の安価なキットを使って、便利な直流安定化電源器を製作してみたいと思います。

直流安定化電源器とは

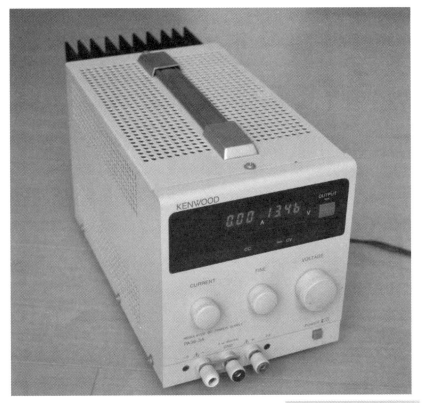

kenwoodの直流安定化電源器

　電源には大きく分けて①交流（AC）と②直流（DC）があります。家庭のコンセントから供給されるのはAC100Vで、多くの電化製品がこれを利用しています。一方、電池やスマートフォンのバッテリは直流です。電子工作では、3V〜18V程度の直流電源を使うのが一般的ですが、使用する回路に応じて必要な電圧は少しずつ異なるため、電圧を可変できる電源器があると非常に便利です。

　私自身、長年メーカー製の直流電源器を使用しています。たとえば写真の機器は、AC100VをDC0V〜36V程度に変換し、電圧可変も

可能な装置です。現在は海外製品が安価に入手できますが、20年前は5～6万円ほどしていました。

また、トランスを使用しているため重量も重く、私が使っているものは7kgもあります(36V－3Aタイプ)。

昔の直流安定化電源器は…

従来の直流安定化電源器は、構成がトランス＋整流＋平滑回路＋レギュレータというものでした。

現在では、AC100Vを降圧する部分にトランスではなくスイッチング電源が用いられることが多くなり、より軽量・コンパクトな設計が可能になっています。これにより、数A～10Aといった大電流を供給できる電源器でも小型化が実現しました。

安定化電源器の構成図

①一昔前

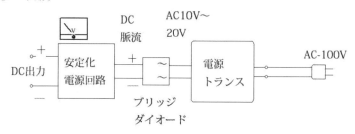

②最近

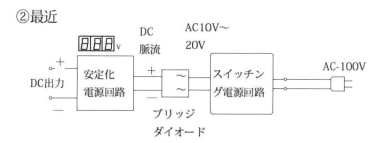

また、表示装置もアナログメーターからデジタルメーターへと移行しています。かつてはデジタル表示に憧れを抱いたものですが、視認性の高さという点ではアナログメーターも見直されつつあります。今回はこのアナログメーターを使用してみました。

　ただし、現在ではデジタル表示の方がコストが安く、アナログメーターは高価です。たとえば秋月電子では、デジタル電圧計が350円〜に対し、アナログ電圧計は1350円します。しかし、デジタル表示には別途電源が必要な場合もあり、表示可能な最小電圧が4.5V〜に制限されることもあります。

秋月電子のデジタル電圧・電流計

秋月電子のキット

秋月電子のキット(5Aタイプ)

今回使用したのは、秋月電子で販売されているテキサス・インスツルメンツ社のLM338を用いた最大電流5Aの安定化電源キット(700円)です。

このキットには電源用トランスは付属していません。理由は価格が高いことと、使用目的により必要な電圧や電流が異なるためです。今回は、ノートパソコン用の15V－5A程度のスイッチングACアダプタを使用することで、トランスやブリッジダイオードを省略できました。

ノートパソコン用ACアダプタ(15V－5A)

安定化電源器に必要な主な部品表

部品名	型番	秋月通販コード	必要数	単価	金額	購入店
マイコン	PIC12F1501	107639	1	140	140	秋月電子
NPNトランジスタ	2SC1815	117089	1	5	5	〃
3.3Vレギュレータ	LP2950L-33-T92-K	108749	1	20	20	〃
ショットキーバリアダイオード	SBM245L_B0_00001	117439	1	15	15	〃
安定化電源器キット(Max5A)	LM338T使用	100096	1	750	750	〃
アナログ電圧計(20V)	DE-550 DC20V	100180	1	1350	1350	〃
アナログ電流計(5A)	DE-550 DC5A	117791	1	1350	1350	〃
LEDデジタルパネルメータ	DE-2645-02	109738	(1)	(1380)		〃
12Vパワーリレー	G5GN-1A	110452	1	60	60	〃
出力用 ターミナル(赤)	MB-124-G-R	104358	1	120	120	〃
出力用 ターミナル(黒)	MB-124-G-B	104359	1	120	120	〃
VR(2kΩB)	SH16K4B202L20KC	105699	1	60	60	〃
ツマミ	S-R-16x18-AXG-T4P-G	106090	1	40	40	〃
PUSH―SW	MP86A1Y1H-G	115377	1	120	120	〃
波動型電源スイッチ	DS-850K-S-WD	115739	1	130	130	〃
LED(緑)5mm	OSG8HA5E34B	112606	1	10	10	〃
抵抗(1/6W)	4.7kΩ	116472	1	1	1	〃
〃	1kΩ	116102	1	1	1	〃
〃	12kΩ	116123	1	1	1	〃
抵抗(1/4W)	120Ω	116121	1	1	1	〃
				計	4,294円	

※アナログメータには照明が付属していません。

回路図

　キットの詳細な回路図と説明は、秋月電子の付属資料に従ってください。キット付属の半固定抵抗は使用せず、代わりにケースに2kΩの外付けVRを取り付けます。この設定では、電源アダプタ15V使用時に約3.3V～13.8Vまで電圧調整可能です。

　また、高さ制限のあるケースの都合上、入力側の電解コンデンサは3300μFの代わりに1000μF×3本を並列で使用しました。

キット基板とコントロール回路

　さらに、OUTPUT-SWによって出力を制御する機能（ON・OFF）も追加しています。これは、電源投入後にすぐ出力電圧が出るのを防ぎ、適正な電圧設定を確認してから出力するための安全対策です。

　この出力制御には、マイコンとパワーリレーによる簡単なコントロール回路を使っています。スイッチを押すごとに出力ON/OFFが切り替わり、LEDの点灯状態で出力状態が分かります。リレーには接点容量10Aのものを使い、コイルには280Ω＋直列に120Ωの抵抗を加えて電力消費を抑えています。

PIC12F1501直流電源コントロール回路

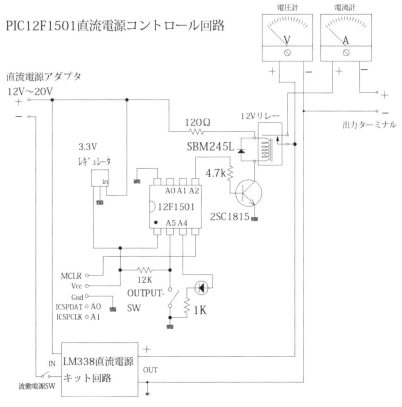

直流電源コントロール回路

[4-2] 電子工作の必需品「直流安定化電源器」

コントロール回路のプログラム

第4章
実際の工作

マイコンにはPIC12F1501（140円）を使用していますが、互換の
PIC12F1571/629/675などでも代用可能です。

CCS-C コンパイラのプログラム

```
//------------------------------------------------------
--------------
// 電源器コントロール
//  PIC12F1501用マイコンプログラム
//    Programmed by Mintaro Kanda  for CCS-C
//      2025-1-24(Fri)
// A2:リレードライブ  A3:MCLR   A4:LED A5:sw
//------------------------------------------------------
--------------
#include <12F1501.h>
#use delay (clock=8000000)
#fuses INTRC_IO,NOMCLR
void main()
 {
    int sw=0;
  set_tris_a(0x20);//A5 input
  setup_oscillator(OSC_8MHZ);
  output_a(0x0);
  while(1){
      while(input(PIN_A5)){
          if(sw){
            output_high(PIN_A2);
            output_high(PIN_A4);
          }
          else{
            output_low(PIN_A2);
            output_high(PIN_A4);
            delay_ms(100);
            output_low(PIN_A4);
            delay_ms(400);
          }
      }
      while(!input(PIN_A5));
      sw++;sw%=2;
  }
}
```

XC コンパイラのプログラム

```c
//--------------------------------------------------------
// 電源器コントロール
//   PIC12F1501用マイコンプログラム
//    Programmed by Mintaro Kanda  for XC
//      2025-1-25(Sat)
// A2:リレードライブ  A3:MCLR  A4:LED A5:sw
//--------------------------------------------------------
#include <XC.h>
/*コンフィグ設定 */
__CONFIG(FOSC_INTOSC & WDTE_OFF &  MCLRE_OFF);
#define _XTAL_FREQ  8000000  //8MHz
void main()
 {
  int sw=0;
  OSCCON = 0x72;//8MHz
  ANSELA = 0x00; //デジタル
  TRISA = 0x20;//A5 input
  LATA=0;
  while(1){
      while(RA5){
          if(sw){
            LATA2=1;
            LATA4=1;
          }
          else{
            LATA2=0;
            LATA4=1;
            __delay_ms(100);
            LATA4=0;
            __delay_ms(400);
          }
      }
      while(!RA5);
      sw++;sw%=2;
  }
}
```

[4-2]

電子工作の必需品「直流安定化電源器」

ケースを作る

第4章 実際の工作

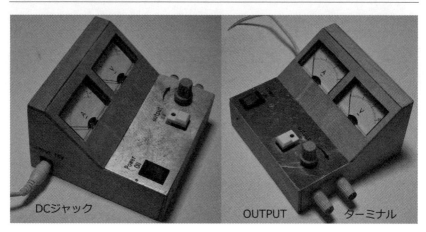

入力・出力位置

　電源器のような機器では、ケースの作りが使い勝手に直結します。今回はアナログメーターの視認性を高めるため、メーターを斜めに配置しました。

　また、メーター照明がないため、白色チップLEDをメーター上部に接着して、電源ONと連動して点灯するようにしています。これが予想外にかっこよく仕上がりました。

　ケースの基本素材には3mm厚のシナベニアを使っています。スイッチ類やVR部分のみ1.2mmのアルミ板を使用。出力端子やDCジャックの位置は、使いやすさに応じて各自で調整してください。

[4-2] 電子工作の必需品「直流安定化電源器」

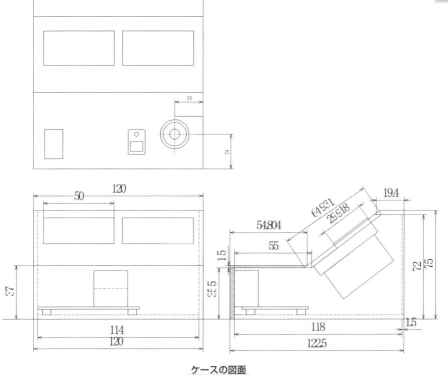

ケースの図面

使い方

　使い方はシンプルです。電源を入れると、電圧計が現在のVR設定に応じた電圧を表示します。この段階では、OUTPUT端子にはまだ電圧は出力されていません。LEDが点滅している状態で、OUTPUT-SWを押すとLEDが点灯に変わり、出力がONになります。再度ボタンを押せばOFFになります。

　なお、LM338を使った今回の構成では、出力電圧を0Vまで下げることはできません。今回の構成では3.3Vが下限となります。それ以下の電圧が必要な場合は、他のキット（秋月通販コード:100202、価格1,550円）を使用してください。

149

第4章 実際の工作

4-3
スリル満点「割りばし de ドッキリ」

　かなり以前から、「樽に剣を刺していくと、どこかのタイミングで黒ひげが飛び出す」という「黒ひげ危機一発ゲーム」があります。電池も使わないアナログなゲームで、今でもタカラトミーから販売されているロングセラーのおもちゃです。キャラクターは「黒ひげ」以外にも、さまざまなバリエーションが販売されているようです。

　今回は、予算1,000円ほどで、マイコンを使ってこのゲームに似たものを作ってみましょう。

割りばし de ドッキリ 本体

割りばしを入れていく

　今回製作するものは、「樽に剣を刺していく」という操作を、「箱の穴に割りばしを差し込む」ことで再現します。オリジナルのゲームでは最大24本の剣を刺せますが、今回は割りばしを最大16本入れられる仕様としました。リセットボタンを押すたびに、人形が飛び出す穴の位置がランダムに変わります。

人形が飛ぶ仕組み

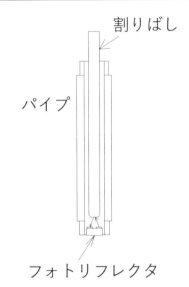

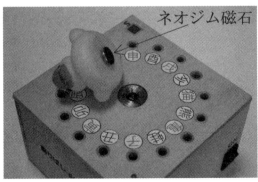

動作の概念図

151

オリジナルでは、バネの反発力によって人形が跳ね上がりますが、今回の製作では電磁石とネオジム磁石の反発力を使って同様の動きを実現します。

どの穴に割りばしを差したかを判定するために、反射型のフォトリフレクタを使用します。割りばしが差し込まれると、フォトリフレクタからの赤外線が割りばしの先で反射し、それを検知することで入力を認識します。16個あるフォトリフレクタのうち、乱数で選ばれた1つだけが赤外線を出しており、「当たり」の穴にだけ反応する仕組みです。

今回使用したネオジム磁石は、ダイソーで購入した直径13mm、厚さ2.3mmのものです。おおよそこのサイズであれば、充分に機能します。

ダイソーのネオジム磁石

回路図

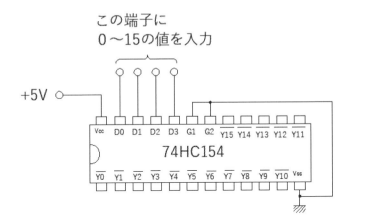

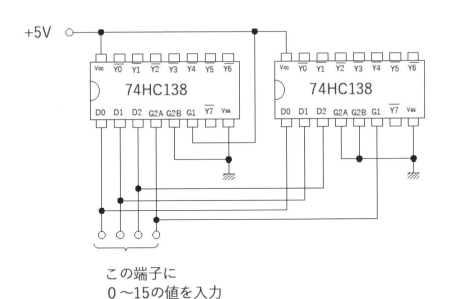

デコーダ74HC154を74HC138で代用する

　回路図を示します。今回の回路は、できるだけ安価に製作することを目標に設計しました。

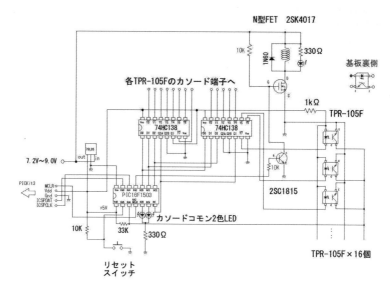

割りばしdeドッキリ回路図

　使用するマイコンは、1個110円のPIC16F1503です。本来、こうした制御を行なうにはピン数の多いマイコンが必要になりますが、近年の半導体不足によりマイコンの価格が上がっているため、なるべく低コストな構成を目指しました。

　PIC16F1503は14ピンのマイコンで、I/O端子は12本しかありません。そこで、1個30円の74HC138を2つ使用してピン数を補います。以前であれば**16ビットのデコーダ（74HC154）**を1個使えば済んだのですが、現在では入手が難しいため、代替として74HC138を採用しました。もし手元に74HC154がある場合は、それを使っても構いません。

　回路は、メイン基板とセンサー基板を分けて作成します。センサー基板は、あらかじめ約13.5mm×7mmの小さな基板を16個に切り出し、それぞれにフォトリフレクタをはんだ付けします。TPR-105Fの切り欠きの向きは揃えて取り付けてください。

割りばし de ドッキリ　主な部品表

部品名	型番	秋月電子コード	必要数	単価	金額	購入店
PICマイコン	16F1503	I-07640	1	110	110	秋月電子
14pin IC ソケット	－	P-00028	1	25	25	〃
TTL	74HC138	I-10013	2	30	60	〃
Nch FET	2SK4017	I-07597	1	30	30	〃
NPN トランジスタ	2SC1815	I-13491	1	5	5	〃
ショットキーバリア ダイオード	1N60	I-07699	1	7.5	7.5	〃
フォトリフレクタ	TPR-105F	I-12626	16	40	640	〃
5V レギュレータ	TA78L05S	I-08973	1	20	20	〃
カソードコモン 2色LED（Φ3mm）	OSRGHC3132A	I-06313	1	15	15	〃
高輝度LED（色自由）	φ5mm	－	1	20	20	〃
抵抗33kΩ	－	R-16333	1	1	1	〃
抵抗1kΩ	－	R-16102	1	1	1	〃
抵抗330Ω	－	R-16331	2	1	2	〃
抵抗10kΩ	－	R-16103	3	1	3	〃
両面ユニバーサル基板 （47×36）	－	P-12171	1	40	40	〃
片面ユニバーサル基板 （72×47）	－	P-03229	1	60	60	〃
電源スイッチ（トグル）	－	P-03774	1	80	80	〃
リセットスイッチ （タクト）	－	P-03651	1	10	10	〃
コイルボビン （ポリカーボネート製）	－	－	1	11	11	ダイソー
ポリウレタン線 （0.26mm・約30m）	－	－	30	2.5	75	電線ストア
				計1,081円		

※電池ケース、電池は含まれていません。

センサー基板16個

　また、メイン基板が完成したら、回路が正しく動作しているかを確認する必要があります。今回の構成では、フォトリフレクタの赤外線LEDが、1個ずつ正しく点灯しているかをチェックすることが重要です。

　しかし、赤外線は目に見えないため、肉眼では確認ができません。そこで、チェック用のLED回路を用意しておくと便利です。必須ではありませんが、あると回路確認がスムーズになります。センサー基板とメイン基板を接続する部分には、コネクタを使うと着脱が容易でおすすめです。

回路チェック用LED基板とメイン基板

このタイミングで、以下のテストプログラムを実行し、マイコンおよびデコーダ回路が正しく動作しているかを確認しておきましょう。

PIC16F1503 割りばしdeドッキリ LED チェックProgram（CCSC）

```
//------------------------------------------------------
// PIC16F1503 割りばしde ドッキリ LED チェックProgram  (CCSC)
//  Programmed by Mintaro Kanda
//  2022.5.14(Sat)
//------------------------------------------------------
#include <16F1503.h>
#fuses INTRC_IO,NOWDT,NOPROTECT,NOMCLR,NOLVP,PUT,BROWNOUT
#use delay (clock=16000000)
#use fast_io(A)
#use fast_io(C)

void main()
{
   int i;
   set_tris_a(0x30);
   set_tris_c(0x0);
   setup_oscillator(OSC_16MHZ);
   setup_adc_ports(NO_ANALOGS);
```

```
    output_c(0x0);
    output_a(0x30);
    output_high(PIN_A2);

    while(1){
        for(i=0;i<16;i++){
            output_c(i);
            delay_ms(500);
        }
    }
}
```

コイルを作る

　プラスチック製のボビンに0.26mmのポリウレタン線を巻いてコイルを作成します。このコイルに電流を流すことで、今回は人形に取り付けたネオジム磁石と反発し合い、飛び出す仕組みを実現します。

　今回は、ボビンの中心にΦ5mmのLEDを入れて、コイルと並列に接続し、発光させる構造としています。そのため、コイルにLED、抵抗、そしてフライバック吸収用のダイオードも一体化して取り付けます。
　なお、LEDもダイオードも極性があるため、部品を一体化することでコイルの極性（＋/-）も自動的に決定されます。コイルの上面におけるN極・S極は、コイル線の接続方向で決まるため、人形に取り付けるネオジム磁石の極性で反発の向きを制御することになります。

本体の加工

コイルを作る(左)、LED・ダイオード・抵抗をコイルに一体化(右)

　今回の製作では、本体の加工も重要な工程となります。まずは、構造の全体像を把握するために、以下におおまかな図面を示します。この図面は一例であり、サイズや形状は自由にアレンジして構いません。

　ただし、反射型フォトリフレクタを使用する都合上、外乱光を適切に遮断できる構造が必要になります。特に、割りばしを差し込むパイプ部分はしっかりとした作りが必要です。また、使用する電源(7.2V～9.0V)を何にするか(電池 or ACアダプタ)を事前に決めておきましょう。筆者は7.4Vのリチウムポリマーバッテリーを選び、本体内部に収めました。

割りばしdeドッキリ本体

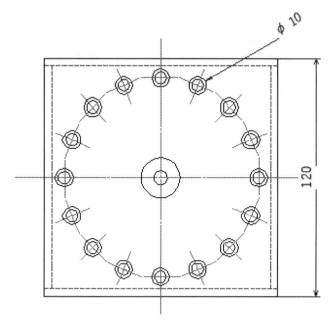

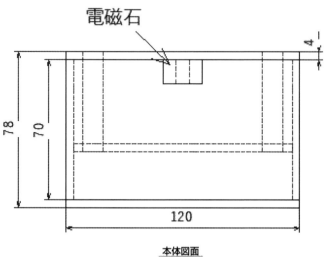

本体図面

パイプを作る

　続いて、割りばしを差し込むパイプ部分を製作します。材料としては、木材やアルミなどの外径10mm程度の棒材を使います。中空部分の直径は6mm～8mm程度が適しています。今回は、90cm長で178円（カインズホーム）の木製丸棒を使用しました。これで5cm長のパイプを16本作ることができます。

　ただし、丸棒は中空ではないため、穴開け加工が必要です。筆者の所有するミニ旋盤では、5cmの深穴を一発で開けられなかったため、両端からセンタードリルで中心を出し、それぞれ26mmずつ開けるという方法を取りました。高精度な加工は必要ないので、これで問題ありません。

　また、木材の丸棒は表記より太めなことが多く、今回購入したものも実際は10.3mmほどの径がありました。そのため、板に取り付けるためには、図のように先端を9mmや8.5mmに削って調整する必要があります。両端を9mmにすると誤差を吸収しにくくなるため、8.5mmと9mmの組み合わせで調整しました。

　なお、このような中心の空洞加工や段付きの径加工は、旋盤がないと難しいため、旋盤がない場合は市販のアルミパイプなどを使う方が現実的です。

　さらに、フォトリフレクタ側のパイプ内壁は黒く塗装しておくと、赤外線の乱反射による誤動作を防げます。

第4章 実際の工作

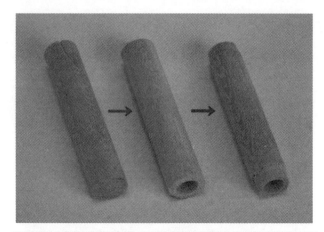

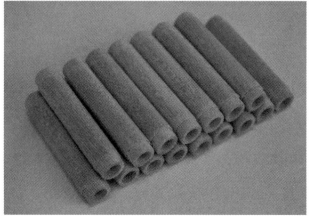

木製丸棒のパイプ加工

木製パイプ

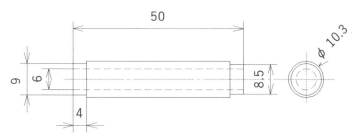

パイプの図面

パイプの配置と固定

9mmホールソー

　作成したパイプは、図面に基づいて本体に配置します。本体の材料は4mm厚のシナベニア合板を使用しました。パイプ取り付け穴には、バリが出にくいホールソーを使うのが効果的です。今回は9mm径の金属用ホールソーを木材に使用しましたが、問題なく加工できました。

　パイプの取り付け位置には、1/1スケールで印刷した図面を材料に貼り付け、センターポンチで中心に印をつけてから加工します。

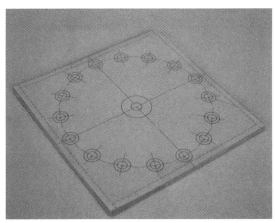

パイプの穴開け位置

ホールソーで加工する前に、まずΦ2mmのドリルで下穴を16か所開け、その穴にセンターピンを合わせてホールソーで開けていきます。通常のホールソーは1～2mm厚の金属向けに設計されているため、今回のように4mm厚の板を貫通させるには、表裏からそれぞれ2.5～3mmずつ加工する必要があります。

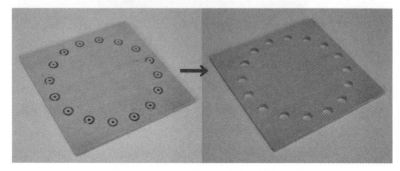

まず表側を2.5～3mm程度開け、最後に裏側から開ける

こうすることで、バリの少ないきれいな仕上がりになります。

中央に取り付ける電磁石用の穴も開けます。今回は20mmのホールソーが手元になかったため、外周に2mmの穴を多数開けてくり抜く方法で対応しました。

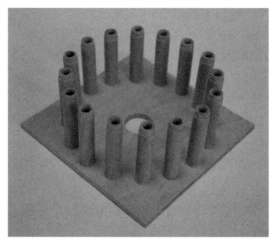

パイプを取り付け

同様に、もう1枚の板（内部用）も加工します。内部板には、事前に作成したセンサー基板を写真のように接着剤で固定します。この板は本体の内部に収めるため、四隅はカットしておきます。

センサー基板を配置

回路基板の固定と配線

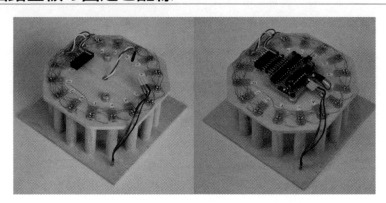

完成した回路基板とセンサー(左:基板実装前、右:基板実装後)

次に、回路基板を中央に固定し、センサー基板からの各線をコネクタ経由ではんだ付けします。コネクタを使うことで、回路基板の取り外しが容易になります。

感度調整

フォトリフレクタは、内蔵された赤外線LEDの反射光を検出してセンサーとして機能します。しかし、太陽光などにも赤外線が含まれているため、明るい部屋や直射日光下では、割りばしを入れていないにもかかわらず誤反応することがあります。

このような場合には、以下の表を参考にして、33kΩと1kΩの抵抗値を調整してください。また、抵抗の代わりに半固定抵抗(可変抵抗)を使って、感度を微調整する方法も有効です。

センサー感度の抵抗調整

	抵抗値を上げる	上げる目安 (Max)	抵抗値を下げる	下げる目安 (Mini)
1kΩ	感度が下がる	2.2kΩ	感度が上がる	680Ω
33kΩ	感度が上がる	47KΩ	感度が下がる	22kΩ

制御プログラム

ここでは、最終的な制御プログラムを紹介します。

動作の概要は、以下のとおりです。

①リセットボタンが押されると乱数 (0〜15) が生成され、その値がRC0〜RC3の4ビットで74HC138に送られます。
②対応する1個の赤外線LEDだけが点灯し、「当たり」が設定されます。
③その後、どこかのフォトリフレクタに割りばしが差し込まれたかどうかをRA4ポートで監視します。
④当たりの位置に差し込まれた場合、電磁石に電流が流れて人形が飛び出す、という仕組みです。

ランダム性について

単純に rand() 関数を使った場合、電源投入直後は毎回同じ乱数列が生成されてしまうため、プレイヤーに予測されやすくなります。そこで、CCS-C の srand() 関数を用いて、リセットボタンが押されるまでの経過時間（カウント値）を乱数の初期シードに使用しています。これにより、毎回異なる乱数列を得ることができ、予測不能な動作になります。

センサー信号の処理

フォトトランジスタの出力はすべてRA4ポートに並列接続されています。そのため、「どのフォトリフレクタが反応したか」を判別する回路を用意する代わりに、1つでも反応があれば＝当たりというシンプルな設計にしています。

この方法のメリットは、必要なポート数を大幅に削減できること、また、常時点灯させる赤外線LEDが1個だけになるため、消費電流を抑えられる点です。仮に全16個を常時点灯すると160mA（1個あたり10mAとして）消費することになりますが、本回路では待機時の消費電流は10mA以下に抑えられています。

第4章

実際の工作

ゲームの進行とLED表示

①ゲーム開始前(リセットボタン待ち)は、2色LEDが緑色で点滅します。
②リセットボタン押下後、LEDが赤色点灯に変わり、ゲーム進行中を示す
③当たりが検出されたら電磁石が動作し、LEDが6回点滅
④ゲーム終了後、再びLEDが緑点滅に戻る

制御プログラム(本体)

```
//------------------------------------------------------
// PIC16F1503 割りばしdeドッキリ メイン Program  (CCSC)
// Programmed by Mintaro Kanda
// 2022.5.15(Sun)
// 入力ポート:A4(フォトリフレクタ出力)、A5(リセットボタン)
//------------------------------------------------------
#include <16F1503.h>
#include <stdlib.h>
#fuses INTRC_IO,NOWDT,NOPROTECT,NOMCLR,NOLVP,PUT,BROWNO
UT
#use delay (clock=16000000)
#use fast_io(A)
#use fast_io(C)

int count = 0;

// タイマー割り込み(リセットボタン押下までの時間測定)
#int_timer0
void timer_start() {
  count++;
}

void main() {
  int i;
  long cnt;

  set_tris_a(0x30); // RA4, RA5を入力に設定
  set_tris_c(0x00); // RCピンを出力に設定
  setup_oscillator(OSC_16MHZ);
  setup_adc_ports(NO_ANALOGS);
  setup_timer_0(RTCC_INTERNAL | RTCC_DIV_64);

  set_timer0(0);
```

168

```
  enable_interrupts(INT_TIMER0);
  enable_interrupts(GLOBAL);

  output_c(0x00);
  output_a(0x30);
  output_high(PIN_A2);

  while (1) {
    cnt = 0;
    while (input(PIN_A5)) { // リセットボタンが押されるのを
待つ
      if (count > 16) {
        output_low(PIN_C4); // 緑点滅(待機状態)
      } else {
        output_high(PIN_C4);
      }
      cnt++;
    }

    output_low(PIN_C4); // 緑LED消灯
    srand(cnt);              // ランダムシード設定
    output_c(rand() % 16 + 0x20); // 当たり番号+状態表示用
LED

    while (input(PIN_A4)) { // 割りばしが当たりに入るのを待
つ
      ;
    }

    // 命中時の演出(コイルLED点滅6回)
    for (i = 0; i < 6; i++) {
      output_low(PIN_A2);
      delay_ms(200);
      output_high(PIN_A2);
      delay_ms(300);
    }

    output_low(PIN_C5); // 赤LED消灯(ゲーム終了)
  }
}
```

[4-3]

スリル満点「割りばしドッキリ」

169

本体の演出

　本体には16か所の穴がありますが、それぞれの穴に番号があるわけではありません。とはいえ、各穴に目印やキャラクターを付けることで、ゲームをより盛り上げる演出に活用できます。

　今回は、筆者の独断で**「十二支＋4匹の動物」**を選び、16か所に配置しました。追加の4匹は、十二支に入っていてもおかしくなかった動物として「猫、熊、亀、蛙」を選んでいます。どの動物が当たりになるかを予想しながら遊べるので、盛り上がること間違いなしです。

完成した「割りばしdeドッキリ」

遊び方

ゲームの遊び方は以下の通りです：

① 電源を入れると、2色LEDが緑色で点滅を始めます（ゲーム待機中を示す）。
② このとき、すべての穴に割りばしが刺さっていない状態にしてください。
③ リセットボタンを押すと、LEDが赤色点灯に変わり、ゲームが開始されます。
④ プレイヤーが順番に割りばしを穴に差し込んでいき、当たりの穴に刺さると人形が飛び出します。
⑤ 中心のコイルLEDが数回点滅したあと消灯し、LEDは再び緑の点滅に戻ります。

この時点で、すべての割りばしを抜いてから、再度リセットボタンを押すことで新しいゲームを始められます。

当たりを複数個所に設定する

今回の回路構成はそのままに、プログラムを変更するだけで「当たりの穴」を複数に設定することも可能です。たとえば、2つ以上の穴に同時に当たりを設定して、「ハズレを引かずにどれだけ連続でセーフを選べるか」など、ルールを変えて遊ぶこともできます。

プログラムを自分で書き換えてみたい方は、ぜひ挑戦してみてください。工夫次第で、何通りものルールや難易度で楽しめるゲームになります。

第4章 実際の工作

4-4 無線モジュールを使った対戦型ロボット

予算3000円の対戦ロボット

　富士ソフト(株)が主催する154cmの円形土俵上で1対1で対戦する「ロボット相撲」の競技があります。その競技に小型の500g級ロボットのカテゴリーが追加されるようなので、その競技用の相撲ロボットを作ってみます。

　しかし、市販のプロポ(送受信機)を使うと、製作には1万円以上の予算が必要になるので、今回は、イベントなどでの使用を想定し、3000円程度の低予算で作成できる、同サイズの対戦型ロボットの製作方法を紹介します。

超低価格無線モジュール

　国産市販の無線送受信機（プロポ）は1万円前後と高価です。ロボット本体を安価に作っても、プロポの価格がネックになることがあります。そこで今回は、「aitendo」で販売されている、超小型・低価格な無線送受信モジュールを使ってロボットを作ります。

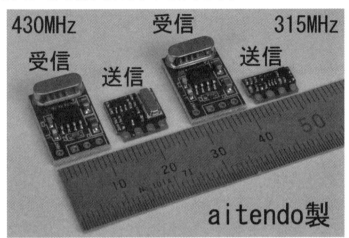

超小型無線送受信モジュール

　使用するのは、315MHzまたは433MHzのAM変調方式の無線モジュールで、送信モジュールが199円、受信モジュールが295円と、合計でわずか494円という価格です。モジュールは非常に小型で、10cm×10cmのロボットにも搭載しやすくなっています。

　使用電圧は3V～5Vですが、3Vで使用すると通信距離は3～5m程度に限られ、出力も控えめです。ただし、対戦ロボットではオペレータとの距離は1～2m以内で充分なため、問題はありません。「data」端子に電圧を送ると電波が発信されるという単純な仕組みですが、この端子にパルスコードを送ることで、複数の操作を可能にすることができます。

注意点として、同一周波数では複数モジュールの同時使用はできないため、2台の対戦用ロボットには315MHzと433MHzで周波数を分ける必要があります。また、このモジュールは技適未取得のため、日本国内での使用は電波法に基づく小電力無線機の条件を守る必要があります。送信機は3V電源で使用し、アンテナを長くしすぎないよう配慮しましょう。特に315MHz帯は自動車のスマートキーと周波数が重なるため、車の近くでは使用を避けてください。

パルスコードの生成

ロボットの基本操作として「前進」「後退」「左旋回」「右旋回」「停止」の5つが必要です。これらの操作を区別するために、マイコンでパルスコードを生成して送信します。特に決まったフォーマットはありませんが、シリアル通信形式が望ましく、今回は8bitの独自フォーマットを使用します。

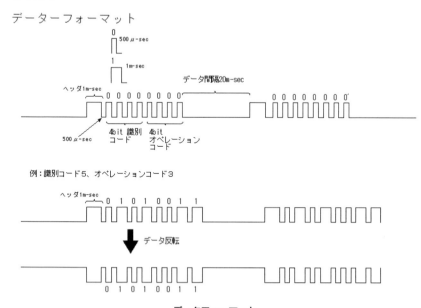

データフォーマット

データ構成は、上位4bitが識別コード、下位4bitが操作コードとなっており、識別コードにより送信機と受信機をペアリングできます。

同一周波数で複数台を同時使用するのは困難ですが、少なくとも識別コードの違いによって、他のロボットの操作信号を受け取らないようにすることは可能です。

また、信号は常に送信し続ける必要があります。間欠的な送信では、通信の立ち上がり時に遅延が発生し、誤動作の原因となります。そのため、信号を反転させて「データ間隔中も常に電波が出る」ように設定しています。

パルス幅についても、0を500μs、1を1msとするのが基本ですが、0を250μs、1を500μsとすればより高速にデータ送信が可能です。ただし、短くしすぎるとエラーが増えるため、モジュールの性能に応じた設定が必要です。

送信機回路図

最初に、送信機の回路図を示します。

送信機には、パルスコードの生成用としてPIC16F1503（160円）を使用します。安価で必要充分な性能を持ち、他のPICでも代用可能です。315MHz/433MHzのどちらを使用する場合も回路は共通で、モジュールを差し替えられるようピンソケットで設計しておくと便利です。

DIPスイッチには、10ポジションのDRR4110（25円）を使用しています。必要に応じて16ポジションのDIPスイッチに変更してください。

315MHz/433MHzラジコン送信機回路図

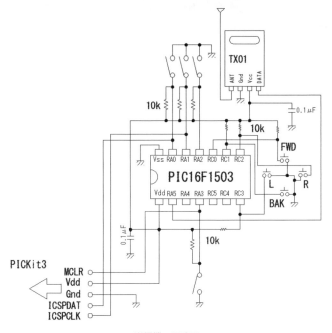

送信機の回路図

受信機・モータードライブ回路図

　受信機側では、受信モジュールからの信号をデコードし、識別コードと操作コードを分離します。識別コードが一致した場合のみ操作コードを解釈し、モータードライブに信号を送るようにします。

モータードライバIC AM1025

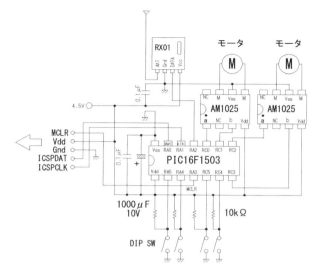

モータードライブ回路

　モータードライブには、AMtek Semiconductors社のFET内蔵フルブリッジIC「AM1025」(60円)を2個使用します。最大電源電圧は6.8V、最大出力電流は2.3Aで、今回の用途には充分なスペックです。SOPタイプのため、ユニバーサル基板で使うには1.27mmピッチの基板か、専用プリント基板が必要です。

　今回は、イベント用に複数台製作する都合上、専用基板を作成しました。

モータードライバ基板(左)と送信機基板(右)

制御マイコンにも送信機と同じPIC16F1503を使用します。SOP
タイプもあるため、基板を小型化したい場合にはこちらを使用すると
よいでしょう。

今回使用するタミヤ製の「ミニモーター標準ギアボックス」に付属のモー
タは、従来のFA-130タイプよりも小型で、バリスタ内蔵型となって
います。電流も控えめなため、今回のモータードライバ回路で安定し
て動作します。

なお、今回使用するタミヤの「ミニモーター標準ギアボックス」に付
属のモータは、これまでのFA-130タイプのモータよりも小さいもの
になっていて、内部にノイズキラー用のバリスタが付いており、さら
に電流値もこれまでのFA130タイプよりも低いものになっています。
バリスタ付きなので、別にモータ端子にコンデンサ（0.1μF）を付ける
必要はありません。

ラジコンロボット用受信機回路の主な部品表

部品名	型番	秋月通販コード	必要数	単価	金額	購入店
PICマイコン	PIC16F1503	107640	1	160	160	秋月電子
14PIN 丸ピンICソケット		100028	1	30	30	〃
モータードライバIC	AM1025	118298	2	60	120	〃
1/6W抵抗	10K	116103	4	1	4	〃
セラミックコンデンサ	0.1μF	100090	2	10	20	〃
電解コンデンサ	1000μF 10V	108424	1	20	20	〃
dip スイッチ(4P)	EDS104SZ	100586	1	60	60	〃
タクトスイッチ（12mm）		109827	4	30	120	〃
スライドスイッチ（電源用）	SS-12F15G6	115708	1	30	30	〃
単4-3本用電池ボックス		103195	1	70	70	〃
315MHz/430MHz受信モジュール			1	325	325	aitendo
両面ユニバーサル基板（適宜選定）	47mm×36mm		1			秋月電子
					計722円	

送信機用PICプログラム

　送信機には、PIC16F1503を使ってパルスコードを生成します。ここでは、CCS-Cコンパイラ用とXCコンパイラ用の2種類のソースコードを紹介します。どちらも特別な機能は使っておらず、他のPICシリーズでも応用可能です。

①CCS-Cコンパイラ用

```
//-----------------------------------------------------
-
// PIC16F1503 315MHz-433MHz-TX 送信機用 Program
//  Programmed by Mintaro Kanda
//  2024-2.25(Sun)     (CCS-Cコンパイラ用)
//   data output port A5
//-----------------------------------------------------
-
#include <16F1503.h>
#fuses INTRC_IO,NOWDT,NOPROTECT,NOMCLR,CLKOUT
#define output_PIN PIN_A5
#use delay (clock=8000000)
#use fast_io(A)
#use fast_io(C)
void send(int id,int value)//データ送付ルーチン
{
    int i,j;
    int h,haba[2];
    haba[0]=id;
    haba[1]=value;

    output_low(output_PIN);
    delay_ms(1);//ヘッダー

    output_high(output_PIN);
    delay_us(500);//500がdefault

    for(j=0;j<2;j++){
      for(i=0;i<4;i++){
        h=haba[j] & 0x1;
        output_low(output_PIN);
        switch(h){
            case 0:delay_us(500);break;//500がdefault
```

```c
                case 1:delay_us(1000);//1000 が default
        }
        haba[j]>>=1;
        output_high(output_PIN);
        delay_us(500);//500 が default
      }
    }
}
void main()
 {
   int i,id,value;
   set_tris_a(0xf);//a0,a1,a2,a3 input
   set_tris_c(0xf);//c0,c1,c2,c3 input
   setup_oscillator(OSC_8MHZ);

   output_a(0);
   while(1){
     id=  input_a() & 0xf;//dipSW-PIN a0-a3 の 4bit
     value=~input_c() & 0xf;// コントロールボタン //
c0,c1,c2,c3 の 4bit
     send(id,value);
     delay_ms(20);//ok value 18,19,20,21,22 (17,23-NG)
   }
}
```

②XC コンパイラ用

```c
//---------------------------------------------------------
// PIC16F1503 315MHz-433-TX 送信機用 Program
//   Programmed by Mintaro Kanda
//   2024-3.9(Sat)        (XC コンパイラ版)
//    data output port A5
//---------------------------------------------------------
#include <htc.h>
/* コンフィグ設定 */
__CONFIG(FOSC_INTOSC & WDTE_OFF & PWRTE_ON & MCLRE_OFF
& BOREN_ON & LVP_OFF);
#define _XTAL_FREQ  8000000  //8MHz
void send(int id,int value)// データ送付ルーチン
{
    int i,j;
    int h,haba[2];
    haba[0]=id;
```

```c
    haba[1]=value;

    LATAbits.LATA5=0;
    __delay_ms(1);//ヘッダー

    LATAbits.LATA5=1;
    __delay_us(500);//500が default

    for(j=0;j<2;j++){
      for(i=0;i<4;i++){
        h=haba[j] & 0x1;
        LATAbits.LATA5=0;
        switch(h){
            case 0:__delay_us(500);break;//500が default
            case 1:__delay_ms(1);//1が default
        }
        haba[j]>>=1;
        LATAbits.LATA5=1;
        __delay_us(500);//500が default
      }
    }
}
void main()
 {
    int id,value;

    OSCCON = 0x72;//8MHz
    ANSELA = 0x00; //デジタル
    ANSELC = 0x00; //デジタル
    TRISA = 0x0f;//a0-a3 入力ビット
    TRISC = 0x0f;//c0-c3 入力ビット

    while(1){
        id= PORTA & 0xf;//dipSW-PIN a0-a3の4bit
        value=~PORTC & 0xf;//コントロールボタン //
c0,c1,c2,c3の4bit
        send(id,value);
        __delay_ms(20);//ok value 18,19,20,21,22 (17,23-NG)
    }
}
```

第4章
実際の工作

受信機およびモータードライブ用プログラム

　受信機側のプログラムも、CCS-Cコンパイラ用とXCコンパイラ用の両方を掲載しています。信号の受信と識別コードのチェック、そして操作コードに応じたモータ制御を行ないます。

　受信データは8bitで構成されており、下位4bitが識別コード、上位4bitが操作コードです。識別コードが一致したときのみモータを動作させるようにしています。

　モータの制御は、操作コードに応じて各FETのゲートをON/OFFして実現しています。たとえば「前進」ならC0とC2をHIGH、「後退」ならC1とC3をHIGHとする構成です。

　通信の安定性を保つために、受信時には信号のパルス幅に応じて0/1を判定し、しきい値を超える時間のときのみ1と解釈します。これにより、誤動作を抑える工夫がされています。

CCS-Cコンパイラ用プログラム

```
//-----------------------------------------------------------
-
// PIC16F1503 315MHz-433MHz RX オリジナル波形受信 Program
//  Programmed by Mintaro Kanda
//  2024.3.2(Sat)  CCS-Cコンパイラ用
//  data読込ポート  A2
//-----------------------------------------------------------
-
#include <16F1503.h>
#fuses INTRC_IO,NOWDT,NOBROWNOUT,PUT,NOMCLR
#define sigPIN PIN_A2
#use delay (clock=8000000)
#use fast_io(A)
#use fast_io(C)
int receive()//データ読み込みルーチン
{
    int i,value;
```

182

```
    long cnt;
    //ヘッダー
  while(cnt<3000){
      cnt=0;
      while(input(sigPIN)){
          cnt++;
      }
  }
  while(!input(sigPIN));
  while( input(sigPIN));
  value=0;
  for(i=0;i<8;i++){
      cnt=0;
      while(!input(sigPIN)){
          cnt++;
      }
      if(cnt>300){//250-340 OK
          value|=0x80;
      }
      while(input(sigPIN));
    if(i<7) value>>=1;
  }
  return value;
}
int dipsw()
{
  return ((input_a()>>2) & 0xc) | ((input_c()>>4) &
0x3);
}
void motor(int v){
    switch(v){
        case 0:
            output_c(0x0);//FET ゲート off
            break;
        case 1://スロット Fowd
            output_high(PIN_C0);output_high(PIN_C2);//
FET ゲート ON
            break;
        case 2://スロット Back
            output_high(PIN_C1);output_high(PIN_C3);//
FET ゲート ON
            break;
        case 4://ホイール Left
            output_high(PIN_C0);output_high(PIN_C3);//
FET ゲート ON
```

```c
              break;
        case 8://ホイール  Right
              output_high(PIN_C1); output_high(PIN_C2);//
FET ゲート ON
              break;
        default: output_c(0x0);//FET ゲート off
    }
}
void main()
 {
   int ch;
   int v,value;
   setup_oscillator(OSC_8MHZ);
   set_tris_a(0x34);//a1,a4,a5input  0011,0100
   set_tris_c(0x30);//C4,C5intput
   output_c(0x0);
   while(1){
    while( value=receive(),  ch=value & 0xf,ch!=(dipsw()
& 0xf)){//識別コードと異なる場合
        ;
    }
    v=(value & 0xf0)>>4;//上位4ビットがボタンデータだから
    motor(v);
   }
     }
```

XCコンパイラ用プログラム

```c
//--------------------------------------------------------
-
// PIC16F1503 315MHz-433MHz RX オリジナル波形受信 Program
//   Programmed by Mintaro Kanda
//   2024.3.9(Sat)      (XCコンパイラ用)
//   data読込ポート  A2
//--------------------------------------------------------
-
#include <htc.h>
/*コンフィグ設定*/
__CONFIG(FOSC_INTOSC & WDTE_OFF  & MCLRE_OFF & BOREN_ON
& LVP_OFF);
#define _XTAL_FREQ  16000000   //16MHz

int receive()//データ読み込みルーチン
{
   int i,value;
```

```c
    int cnt;
    //ヘッダー
    while(cnt<3000){
        cnt=0;
        while(PORTAbits.RA2){
            cnt++;
        }
    }
    while(!PORTAbits.RA2);
    while( PORTAbits.RA2);
    value=0;
    for(i=0;i<8;i++){
        cnt=0;
        while(!PORTAbits.RA2){
            cnt++;
        }
        if(cnt>350){//360
            value|=0x80;
        }
        while(PORTAbits.RA2);
        if(i<7) value>>=1;
    }
    return value;
}
int dipsw()
{
    return ((PORTA>>2) & 0xc) | ((PORTC>>4) & 0x3);
}
void motor(int v){
    switch(v){
        case 0:
            LATC=0x0;//FET ゲート off
            break;
        case 1://スロット Fowd
            LATCbits.LATC0=1 ; LATCbits.LATC2=1;//FET
ゲート ON
            break;
        case 2://スロット Back
            LATCbits.LATC1=1 ; LATCbits.LATC3=1;//FET
ゲート ON
            break;
        case 4://ターン Left
            LATCbits.LATC0=1 ; LATCbits.LATC3=1;//FET
ゲート ON
            break;
```

```
            case 8://ターン　Right
                LATCbits.LATC1=1 ; LATCbits.LATC2=1;//FET
ゲート ON
                break;
            default:LATC=0x0;//FET ゲート off
        }
}
void main()
 {
    int ch, v,value;
    OSCCON = 0x78;//16MHz
    ANSELA = 0x00; //デジタル
    ANSELC = 0x00; //デジタル
    TRISA = 0x34;//a2,a4,a5input  0011,0100
    TRISC = 0x30;//C4,C5intput
    while( value=receive(),  ch=value & 0xf,ch!=(dipsw()
& 0xf)){//識別コードと異なる場合
        ;
    }
    v=(value & 0xf0)>>4;//上位4ビットがボタンデータだから
    motor(v);
}
```

ギアボックス

8-Speed　ミニギアボックス

今回使用するギアボックスは、タミヤから比較的最近発売された「ミニモーター標準ギアボックス」(860円)です。シングルタイプなので、ロボットには同じものを2つ使用する必要があります。従来のダブルギアボックス(840円)と比べるとコストは2倍になりますが、前述のとおり、FA-130モータを低速モータに交換する必要があるため、差し引きでは500円程度の追加出費で済みます。

　このギアボックスの特徴は、ダブルギアボックスよりも細かくギヤ比が設定できることと、全体のサイズが小さく、ロボット本体をコンパクトに仕上げられる点です。搭載されているモータはFA-130よりも一回り小さいものですが、パワーの差はほとんど感じられません。

　ただし、左右対称設計ではないため、実装時には工夫が必要です。具体的には、2つのギアボックスを隣接させて配置する際、付属アングルの一方が干渉してしまいます。そのため、片方のアングルは使用せず、モータ側面に別のアングルを取り付ける方法を採用しました。

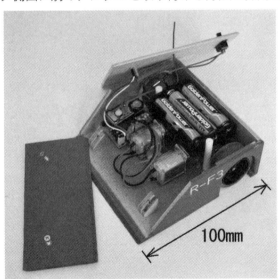

2つのギアボックスを配置した状態

タイヤとホイール

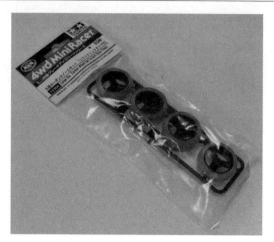

タイヤ・ホイールセット(ITEM15366タミヤ)

タイヤには、タミヤ製ミニ四駆用の「大径カーボンホイールセット(ソフトスリックタイヤ付)」を使用しました(ITEM15366、価格320円)。サイズ・性能ともに今回のロボットに最適ですが、1点だけ注意が必要です。

このホイールのシャフト穴径は2mm、一方でギアボックスの出力シャフトは3mmの六角軸です。そのため、ホイールの穴を2mmから2.5mmに広げ、さらに六角シャフト側を2.55〜2.6mm程度に削る必要があります。これはミニ旋盤がないと難しい作業なので、手作業での対応が難しい場合は、六角シャフト対応ホイールに変更するなど別の工夫を検討してください。

相撲ロボット大会に出場するには

重量測定をした結果

　富士ソフト主催の相撲ロボット大会（500g級）に出場するためには、サイズ100mm×100mm以下という条件がありますが、今回のロボットはこの条件をクリアしています（高さ制限はなし）。

　完成した機体の重量は161g（バッテリー含む）と、500gの半分にも満たない軽さです。規定内ではありますが、あまりに軽すぎると対戦で不利になるため、重量はできるだけ500gに近づけるのが望ましいです。金属製の筐体を使用するなど、重量増加の工夫を加えるとよいでしょう。

　また、大会出場にはFutaba、Sanwa、KO、JRなどの市販プロポ（技適取得済）が必須となります。したがって、制御系にはある程度の出費が必要になります。

KOのプロポ

索引

数字

- 1液性シリコンゴム接着剤 ……… 60
- 2液性エポキシ接着剤 …………… 59
- 2液性シリコンゴム接着剤 ……… 60

アルファベット

- ACアダプタ ………………………… 96
- CFRP ………………………………… 55
- DCモーター ……………………… 121
- FET ………………………………… 101
- FRP ………………………………… 55
- Gバイス …………………………… 27
- LED ………………………………… 110
- MDF材 ……………………………… 53
- PIC ………………………………… 116

五十音順

【あ行】
- あ アルミニウム ……………………… 50
  - 安全作業アイテム ……………… 46
- い インダクタ計 ……………………… 92
- え 円切カッター …………………… 11
- お 追入れのみ ……………………… 22
  - オームの法則 …………………… 70
  - オシロスコープ ………………… 65
  - オペアンプ ……………………… 110

【か行】
- か カーボンファイバー板 …………… 55
  - カッター …………………………… 9
  - カッターマット ………………… 9
  - 金のこ ………………………… 17,44
  - 可変抵抗 ………………………… 89
  - 紙 ………………………………… 51
  - 紙やすり ………………………… 23
  - ガラス繊維板 …………………… 55
  - 感度調整 ……………………… 166
  - かんな ………………………… 16,21
- き ギアードモーター ……………… 121
  - ギアボックス …………………… 187
  - 基板 ……………………………… 118
  - 金属材料 ………………………… 50
- く クランプ ………………………… 24
- け けがき ………………………… 9,29
- こ コイル ………………………… 91,158
  - 工具 ……………………………… 7
  - 合成ゴム接着剤 ………………… 57
  - ゴーグル ………………………… 46
  - 小型ボール盤 …………………… 42
  - コンデンサ ……………………… 90

【さ行】
- さ 材料 ……………………………… 49
  - さお ……………………………… 24
  - サキュラーソー ………………… 43
  - 作業台 …………………………… 47
  - さしがね ………………………… 29
  - サンドペーパー ………………… 23
- し シナベニヤ ……………………… 52
  - 手工具 …………………………… 8
  - 瞬間接着剤 ……………………… 56
  - 定規 ……………………………… 28
  - 真鍮 ……………………………… 50
- す スコヤ …………………………… 29
  - ステンレス ……………………… 50
- せ 精密バイス ……………………… 27
  - 接着剤 …………………………… 56

索引

【た行】

た	ダイオード	98
	ダイス	38
	ダイスホルダー	40
	タイヤ	188
	ダイヤモンドカッター	45
ち	直流安定化電源器	138
	直流電源器	66
て	抵抗	86
	デジタルテスター	73
	テスター	64
	テスト用大電流計	68
	電圧	70
	電源用レギュレータ	115
	電子回路	63
	電子部品	86
	電流	70
と	銅	50
	胴付きのこ	17
	ドライバー	12
	ドライバースタンド	12
	ドライバードリル	41
	トランジスタ	99
	トランス	94
	ドリルスタンド	32

【な行】

な	軟鉄	50
に	ニッパー	13
ね	ねじ切りタップ	37
の	ノギス	28
	のこぎり	17
	のこ刃	18
	のみ	22

【は行】

は	バイス	26
	パイプ	161
	はさみ	8
	はたがね	24
	パルスコード	174
	ハングソー	20
	はんだ	78

	はんだごて	33
	はんだごて吸い取り器	34
	ハンディーサンドペーパー	16
	ハンディールーター	44
ひ	ヒノキ材	54
	ピンセット	15
ふ	フライス加工	27
	プラスチック	55
	ブリッジダイオード	98
	ブレッドボード	78
	プロポ	189
へ	ペンチ	13
ほ	ホイール	188
	ボール盤	27
	ボリューム	89
	ポンチ	31
	ボンド	58

【ま行】

ま	マイコン	116
	丸のこ盤	43
	万力	26
み	ミニルーター	44
む	無線モジュール	172
も	モーター	120
	木材	51
	木製ケース	124,148
	木工用接着剤	58

【や行】

や	やすり	16,44

【ら行】

ら	ラジオペンチ	13
	ラワン材	53
り	両刃のこ	17
	リレー	112
ろ	ロボット	172

【わ行】

わ	ワイヤーストリッパー	14
	割りばし	150

■著者略歴

神田　民太郎（かんだ・みんたろう）

1960年5月宮城県生まれ。
長くプログラミング教育に携わり、現在は、サイエンスイベントや小学生対象のロボット
講座なども手掛ける。
電子工作では、あまり世の中に出回っていないものを作ることに日々挑戦している。
趣味は、国内旅行、キャンピング、トレッキング、エレクトーン演奏、料理、コーヒー焙煎

［主な著書］

電子工作の基本を楽しむ本
「PIC マイコン」で学ぶ電子工作実験
「PIC マイコン」でつくる電子工作
「PIC マイコン」ではじめる電子工作
「PIC マイコン」で学ぶC 言語
たのしい電子工作──「キッチンタイマー」「音声時計」「デジタル電圧計」… 作例全11 種類！
やさしい電子工作
「電磁石」のつくり方［徹底研究］
自分で作るリニアモータカー
ソーラー発電　LED ではじめる電子工作　　　　　　　　　　　　　（以上、工学社）

本書の内容に関するご質問は、
①返信用の切手を同封した手紙
②往復はがき
③E-mail　editors@kohgakusha.co.jp
のいずれかで、工学社編集部あてにお願いします。
なお、電話によるお問い合わせはご遠慮ください。

サポートページは下記にあります。

［工学社サイト］
https://www.kohgakusha.co.jp/

I/O BOOKS

はじめての木工×電子工作　道具・技術・作例ガイド

2025年4月25日　初版発行　©2025	著　者　　神田　民太郎
	発行人　　星　正明
	発行所　　株式会社工学社
	〒160-0011　東京都新宿区若葉1-6-2 あかつきビル201
	電話　　　(03) 5269-2041 (代) [営業]
	(03) 5269-6041 (代) [編集]
※定価はカバーに表示してあります。	振替口座　　00150-6-22510

印刷：(株)エーヴィスシステムズ　　　　　　　　　　　　ISBN978-4-7775-2299-6